Mind and Cognition 心灵与认知　刘晓力　主编

知觉即行动

从哲学概念到机器实现

薛少华　著

中国科学技术出版社
· 北　京 ·

图书在版编目（C I P）数据

知觉即行动 ：从哲学概念到机器实现 / 薛少华著. --
北京 ：中国科学技术出版社，2020.4
（心灵与认知 / 刘晓力主编）
ISBN 978-7-5046-8322-9

Ⅰ. ①知… Ⅱ. ①薛… Ⅲ. ①知觉心理学—通俗读物
Ⅳ. ①B842.2-49

中国版本图书馆CIP数据核字(2019)第142566号

策划编辑　杨虚杰
责任编辑　汪晓雅
版式设计　金彩恒通
责任校对　焦　宁
责任印制　马宇晨

出　　版　中国科学技术出版社
发　　行　中国科学技术出版社有限公司发行部
地　　址　北京市海淀区中关村南大街16号
邮　　编　100081
发行电话　010—62173865
传　　真　010—62173081
网　　址　http://www.cspbooks.com.cn

开　　本　787mm×1092mm　1/16
字　　数　230千字
印　　张　16.5
版　　次　2020年4月第1版
印　　次　2020年4月第1次印刷
印　　刷　河北鑫兆源印刷有限公司

书　　号　ISBN 978-7-5046-8322-9/B・50
定　　价　58.00元

序　言

集结在“心灵与认知”丛书中的这几本著作是围绕着多年来我们所关注的“涉身性认知（Embodied Cognition）”这一主题展开的，也是我所主持的国家社科基金重大项目“认知科学对当代哲学的挑战”的阶段性成果之一。[①]

今天，随着人工智能、脑科学和生命科学的社会关注度持续升温，由哲学、心理学、语言学、计算机科学、神经科学、人类学和教育学构成的认知科学开始为越来越多的学者知晓，甚至人类意识与机器意识的异同、如何建构有道德的人工智能主体、生命再造与人类未来的伦理主题都已提到哲学家的议事日程。一些学者对于人工智能的失控和反叛表达了审慎的担忧，这些思潮在中国所产生的效应之一，就体现在心灵哲学和认知科学哲学似乎大有成为显学的繁荣之势。随着国际相关文献的激增和媒体对脑科学和人工智能目不暇接新成就的报道，专家与公众的争论热情更是有增无减。这种现象既让人欣慰也令人有些许担忧。学术原本贵在积累，一哄而起的热潮往往来得迅疾退去得也快。显然，对表面现象缺乏理性的争论无法替代真正的学术研究。如何理解人类心智和动物心智、无心的机器能否与人类共同演化为生命 3.0 版本等问题，还需越出技术的边界，进行心灵和认知的科学与哲学的交叉研究。

与当下心灵哲学人口众多的“繁荣”景象相比，20 世纪 90 年代的中国，除了少数科学家投入认知的经验科学研究，鲜有哲学学者关注这一看似艰深的领地，哲学界知晓认知科学哲学的学生更是凤毛麟角。我本人贸然闯入这个充满诱惑的跨学科领域，要拜博士期间研究哥德尔思想所赐之机缘。撰写博士论文时我关注到，就在图灵提出那个著名天问“机器能思维吗？”一年后的 1951 年，逻辑学家哥德尔就讨论了“心灵－大脑－计算机”的问题。1961 年《心灵》（*Mind*）杂志以“哥德尔不完全性定理能否证明人心胜过计算机”为主题，发起了一场参与者众多的哲学大讨论。正是由此出

① 重大项目结项的最终成果《认知科学与哲学的双向挑战》2020 年由科学出版社出版。

发以及对计算主义的反思，我开始走进心灵哲学和认知科学哲学研究的广阔天地，至今已有 20 余载。

实际上，从 2001 年起，我指导的硕士生和博士生除了在科学哲学、科学思想史的方向研究问题外，有 2/3 的学生集中在心灵哲学和认知科学哲学方向做研究。2001—2005 年，我在北京师范大学指导的硕士生的论文选题分别是“行为主义：人类心智探索的一种方法”、“联结主义：认知模拟复杂性探索之路”、“心灵、因果与还原”、“麦克道尔的概念化经验论”和“麦迪的数学自然主义”等。自 2006 年调入中国人民大学之后，我指导了《论永恒主义》《内容的外在主义与自我知识相容吗？》两篇硕士论文。

另据初步统计，2004—2018 年我先后在两所大学招收的博士生关于此方向的论文选题有：“涉身认知与涉身心灵”、“自然化认识论批判”、“从语境相关性看人工智能的常识知识表示”“机器学习的本质与机器进化”、“简单性：技术复杂性的意向性解释”、“集体意向性研究”、“从己（自我归属）的认知态度”、“基于知觉经验的概念研究”、“从认知的视角看数学证明中的数学解释”、“知觉与行动：功能可见性（Affordance）概率知觉理论”、“行动图示：一种知觉内容理论”、“隐喻本质的认知科学哲学探索”、“从二维语义学论证查莫斯的属性二元论的路径”、“剧场名称理论：从兼容的视角看指称”、“科学模型的本体论说明”、“基于信念分析的一种知觉理论”、“三明治还是共享圈？苏珊·赫利关于行动中的意识理论”、“托诺尼的整合信息论是意识科学的最佳说明吗”、“认知架构的演化”和“认知科学中的机制说明”等。

从这一统计可以看出，论文选题所涉都是心灵与认知哲学的前沿问题，学生撰写论文的难度和其中的艰辛可想而知，论文的学术水准自然也因人而异、参差不齐。所幸这 20 多篇论文的作者大部分获得国家留学基金或其他基金的资助，或者有过一年至两年在国际一流大学——如哈佛大学（3 人）、布朗大学、卡耐基梅隆大学、哥伦比亚大学、罗特格斯大学、北卡罗来纳大学、塔夫兹大学、悉尼大学、爱丁堡大学、哥本哈根大学、中欧大学、霍普学院（2 人）——联合培养的学习经历，或者直接攻读海外硕士、博士学位，得以在优质的国际交流环境中受到一流哲学家的教诲，有机会直接接触国际学术的前沿问题研究，也着实弥补了我这位导师由于学识和能力所限在学术指导上的不足。

从另一脉络看，上述每一篇论文可以说都是在我和学生组织的、自 2001 年以来从未间断过的每周一次的读书班或论文工作坊的交流中酝酿产生的。这些年里，集体阅读文献、探索前沿问题、纵论各种观点、激烈交锋思想，我们这个小小的读书班不仅迎来送往一茬又一茬既有学术热情又有思想的我自己的学生，还吸引了校内外其他硕士生和博士生，甚至一些优秀的本科生也积极参与。在铁打的校园流水的学生年复一年的流转中，竟也逐渐形成了小小的学术共同体。我本人则在与学生的切磋交流和批判性质疑的氛围中，学到了很多新东西并深受教益。

呈现给读者的这几本书，就是从这里走出去的几位青年学者在其博士论文的基础上修改而成的系列研究成果。大致以涉身性认知科学为背景，作者们对当今认知科学哲学发展的多个面向给出了解读，描绘了认知科学研究从传统研究纲领演变到涉身性认知路径的内在逻辑线索，虽不能展现整个领域全貌，却从几番独特的视角，审视了认知科学的发展对于哲学提出的挑战，为理解心灵和认知的本质以及反思传统哲学的观念及方法提供了极有意义的参照。

其中《涉身与认知：探索人类心智的新路径》对于想要了解这一领域的读者是非常易于入门的导引。作者从思想史的角度梳理了认知科学的发展历程、比较涉身认知思想与“认知革命”所倡导的计算 – 表征经典研究有何内在关联，以及涉身性认知理论奠基其上的哲学观念、科学源流及其核心主张是什么。颇具特色的是，作者特别突出了当代实用主义哲学和现象学对认知科学纲领演进的特殊贡献。

《概念与感知：心灵如何概念化世界》一书反映了近年来认知哲学中关于概念研究的一种新的理论倾向，即有别于传统理性主义进路，从一种经验表征主义立场出发，探究概念的本质和结构以及概念的规范性问题的新尝试，其中重点阐释了新经验主义观念下的概念理论是如何说明知觉经验与概念之间本质关联的。作者还尝试引入“世界－主体－知觉－概念－思想－语言”的结构模型，建构一种基于知觉经验的概念研究框架，具有创见地论证了这一框架的三项基本主张。

《知觉即行动：从哲学概念到机器实现》一书可以说是目前国内关于生态心理学家吉布森提出的功能可见性知觉理论最为系统的哲学考察和拓展研究。正是吉布森的生态心理学成为奠定涉身性认知科学的重要理论基础。作者在扩展功能可见性概念的基础上，将动物和人类一同视作与环境打交道的有目的的行动者，尝试建立一种新的概率知觉理论，说明动物如何凭借知觉，获取当下所处环境中的目标对象的意义，从而采取恰当的应对环境的行动。此书的另一独特贡献是通过贝叶斯方法，尝试把功能可见性这个具有哲学意义的概念真正落实到机器可实现的、作为人工智能行动者行动目标的程序设计中。

《身体与技术：德雷福斯技术现象学思想研究》一书从涉身性视角，对休伯特·德雷福斯的技术哲学做了非常好的诠释。作者追溯了梅洛－庞蒂知觉现象学对于德雷福斯关于涉身性主体掌握熟练技能的认知理论和多领域的哲学工作起到的奠基性作用，并通过运动意向性支配的行为和包含有明确意识引导的行为分析，系统考察了技术和身体的多重关系。在此基础上作者认为，身体即技术，个体的技术不能脱离自我的身体而存在，而人工智能的研究可视为技术摆脱身体的一种尝试。这种涉身性解释框架对于理解实时环境中人类认知和人工智能的演化具有非常大的启发意义。

不夸张地讲，虽然近年来国内一些出版社和科学传播机构已经敏锐地看到认知科学这一跨学科领域广阔的蓝海前景，积极译介国外名家名著，但成系列地出版国内学人相关哲学研究著作者却寥若晨星。因此，在中国还未形成真正意义上的认知科学哲学研究的学术共同体的当下，这套“心灵与认知”哲学丛书的出版，可谓适时而必要。

丛书的出版首先要感谢国家社会科学基金重大项目的支持，感谢各位作者对学术的执着追求和勤勉精进的精神。在此，特别感谢中国科学技术出版社副总编辑杨虚杰的远见卓识和超常的学术敏感性，以及从选题策划到编辑细节亲力亲为的工作风范，还要特别感谢责任编辑的辛勤劳动使这套丛书得以面世。作为丛书主编，我本人对书中的疏漏和错讹之处有着不可推卸的责任，在此由衷地期望读者对其不吝指正。

刘晓力

2019 年 1 月 20 日

目 录

第一章

动物对我们意味着什么

动物，为什么叫动物

我们从小对动物的认知，印象最深刻的莫过于去动物园参观。我依稀记得小时候在长颈鹿馆把旁边的树枝压弯，旁边的长颈鹿看见后，就把脖子凑过来，再伸出长长的深色舌头把树枝上的叶子慢吞吞地卷进嘴里，很自在，也很悠闲。我们小时候对这个自然世界的了解，大多是从认识与我们人类一起生活在这个地球上的动物为起点的。

那么，什么是动物？首先，我们知道地球上的生物通常被分为三大类，分别是动物、植物和微生物。细菌和原生生物都太小，我们肉眼看不见；菌类和植物我们有时不太好分辨。但是通常一眼望去，我们肯定能很容易辨认出什么是动物。科学家们声称，这个世界上动物的种类至少要超过一千万种，但被科学或博物学所研究和记载的，则不足两百万种。

那么，为什么我们能够快速地辨认出大部分动物？这是因为，动物最显著的特征，就是可以按照自己的意愿去行动。行动，是动物被称为“动物”，即能动之物种的根源。

动物的一生，最重要的无非这几件事情：觅食、求偶和自卫。但为了实现这些生存目标，它们在日常中产生了十分丰富和复杂的行动方式，比如猎豹的奔跑、鳗鱼的游动和雄鹰的飞翔。这些风格各异的行动模式同时也反映出动物生存环境的多样性。动物栖居在地球上几乎每处地方，从两极到赤道、从马里亚纳海沟到地球屋脊喜马拉雅山脉，动物随时随地处于各个角落，它们或者群居生活，或者独处度日。生态学的发展让我们更加深刻地了解动物的行为机制，本书就是想尝试性地模糊人与其他动物之间的界限，并希望通过对动物行为的解读，来获知动物的本质。而对动物了解得越深刻，那么就能更深刻地认识到人类的本质，甚至是智能的本质。

动物在自然界如何生存

动物是一种具有多种多样细胞的生命体，几乎所有的动物在细胞层面上都差不多，细胞组成了动物的肌肉、神经和其他生命组织，比如心脏、大脑、肢节和其他内脏等。按照其所栖居的环境，它们会具有适合当下环境的器官和身体，以便适应周围的生存条件。比如鱼类身体有鳍，以便它们更好地在水里游动；极地类动物如企鹅、北极熊等一般都有厚厚的皮毛，以便在寒冷条件下保持恒定的体温等。那么，动物如何在自然界生存，除了自身的体貌特征之外，动物还需要通过自身有目的的行动和与周围环境的交互来完成一定的任务，比如觅食等。

觅食：生存的手段

觅食，是动物生存下去的首要条件。我们知道，植物与部分微生物可以利用太阳光的能量来制造所需的食物，这被称为光合作用。在光合作用下，植物使用二氧化碳和水来合成碳水化合物，并释放能量，促进植物的发育和生长。

虽然，植物可以晒晒太阳就生长发育，但动物光晒晒太阳的话却只能饿死。动物没有这种自己制造食物的能力，它们的生存主要依赖于进食植物、其他动物和微生物等，这些都是动物最主要的营养来源。动物能够使用自身肠胃等消化组织，通过进食等行动来获取身体生存所需的各种蛋白质、脂肪、碳水化合物和微量元素。通过动物的消化器官，这些蛋白质、脂肪和碳水化合物可以被分解为更简单的营养结构，比如葡萄糖等，然后再根据自身的发育情况来使用或者存储能量。

大自然是公平的。动物没有能力制造能量，但却具有寻找能量的能力。这些能力就是支撑动物觅食活动的行动能力与感知觉能力。一些简单的动物，如蛞蝓、水母和海葵等，它们具有一定复杂程度的神经网络，对外界刺激具有一定的反应能力，比如向光性、向水性等。而生命结构更复杂的动物，比如哺乳动物，它们除了简单的应激性能力之外，还具有能够获取特定渠道信息的器官，比如能够听到声音的耳朵、能够看见物体的眼睛、能够闻到气味的鼻子以及能够感受到压力、温度和湿度变化的皮肤等。

动物为了寻找食物，除了这些具有探测能力的器官之外，还具有很强的行动能力。这也是动物称其为动物的最显著的特点。很多动物都可以移动，方式各式各样，比如游泳、行走、奔跑、飞翔、爬行等。这些可以行动的能力，再加上感知觉能力，动物就可以在大自然中按照自己的意志与习惯，寻觅食物、求偶筑巢甚至结成团体。

更重要的是，这些复杂结构的动物除了感知外部世界能力的器官之外，还具有大脑这个器官，它的存在使动物具有了能够记忆、判断、分辨、娱乐甚至制造工具的能力，这一点是非常了不起的。

进化：生命的动力

达尔文在《物种起源》中将进化这个词定义为“伴有变异的继承”，它用来描述生物在漫长的岁月中不断地持续改变自身的生理特点，以适应不断变化的环境。那些通过进化适应环境改变的生物，就能生存下来；而不能通过进化适应环境的生物，则被无情地淘汰。这也就是所谓的“优胜劣汰”法则。在自然界中，我们可以看到好几种层次不同的进化形式，生物进化的模式主要有以下方式：

（1）遗传漂变。一个物种的生存与延续，固然要靠自身对环境的适应和奋斗，但是也要考虑到历史的进程。我们以一个地区的蝴蝶种群来说，如果该地区的某棵树被雷电劈到引起大火，而火灾恰恰烧死了绝大多数白色蝴蝶，突然导致该种群中白色蝴蝶的数量大幅下降。这样一来，随着白色蝴蝶的个体数量急剧下滑，经过一定时间的代际基因传递后，这个地区很可能就不会出现白色的蝴蝶了。

（2）基因迁移。这种现象恰恰与遗传漂变相反。举例来说，某个地区的蝴蝶全都是白色的，突然由于一些天气因素或气流影响，使得一群黄色的蝴蝶进入了这个地区，那么这些黄色的蝴蝶在白色蝴蝶种群里进行繁殖的话，那么后代蝴蝶的基因里就会融入黄色蝴蝶的基因，以后的后代有可能有一部分就是黄色的蝴蝶。

（3）基因突变。这种现象指的是生物体中的DNA等遗传物质发生了突然的变化，这是很偶然的现象。但是一个物种的进化，往往都是这种大量的偶然变化积累到一定的程度后产生了巨大的变化。比如黄色蝴蝶的DNA中某些片段出现了删除或增加的现象，导致黄色蝴蝶的后代颜色产生了一些微小的变化，随着时间的增长，这种小小的变异可能会使黄色蝴蝶的颜色完全变为另一种颜色。

（4）基因重组。这种现象主要出现在有性繁殖中。比如我们人类或其他哺乳动物，雄性动物的基因与雌性动物的基因通过性活动进行融合和重组，产生出新的基因。这样一来，具有新基因的后代的生物特征也与其父母并不一样。也正是由于这个原因，我们人类才产生出各种各样的人格和生理特征，且与我们的父母并不完全一样，这就是基因重组以及基因变异产生的结果。

总而言之，动物具有的进化能力，就使得它们在不断变化的自然环境面前具有了适应性，从而保持了物种的延续性。而这种延续性，都是依靠繁殖来实现的。而经过繁殖不断壮大的动物种群，也同时改变了它们所赖以生存的自然环境。因此环境与动物在很大程度上都产生了趋同进化的效应，环境变得越来越适应动物的生存，而动物的活动也在不断地改变环境。这样我们不难得出这样的结论：当我们看到一个动物的体型与外部表现时，就能大致估计出它所生存的环境大概是什么样子；而当我们看到一个环境时，通过对该环境的温度、湿度和广延大小的分析，也能大致知道该环境中生存着什么样的动物。在下一节，我们将详细论述这一观点。

栖所：动物的家

对我们人类而言，有一个能够舒适生活的家是每个人的现实需要。而对于动物而言，它们的生存空间其实就是它们的家，这个家提供了动物生存的全部所需，而根据物种的不同，动物的家的范围差异也十分大，有的“家”可能只是一小片区域，比如蚂蚁；而有的“家”却十分广袤，比如狮子、羚羊生活的大草原、鲸鱼和海豚生活的汪洋大海。

动物往往会选择与自身生存条件相适应的环境中生活，这种环境能够给某种或某几种特定的动物提供生存所需的温度、湿度、食物，满足它们睡觉、繁殖和觅食等基本的需求。举例来说，同样是狐狸，沙漠狐就喜欢生存在沙漠中，其皮毛的颜色可以提供很好的伪装作用；而北极狐则生活在极寒的极地地带，那里天敌更少，这就是动物的“家”。

动物大部分的时间都在自己的“家”和其周围的一些区域里进行生存和繁衍。有些动物有迁徙的习性，这样它们也会在季节更替的时候“乔迁”，而有些动物则固定生活在某个特定的区域，这个区域可以提供它们的生存需求，比如不受季节限制的充足食物可以使它们不用迁徙去觅食或繁殖、坚固稳定的地表环境可以使它们建筑可靠牢固的巢穴供其栖居等。

然而，这些区域并不像人类的认知的那样惬意和舒适。有些极端的区域在人类看来可能不适宜生存，然而却是不少动物的家。举例来说，南极的帝企鹅和北极的北极熊、北极兔等动物，常常可以在零下四十到五十度的温度下正常生活；在大陆的火山口或海洋中的深海热水口，有很多耐热动物和细菌就生活在那片温度极高的地方；而在干旱无水的沙漠里，往往有蝰蛇、沙漠狐和蜥蜴等动物生存；在地球上海拔最高的喜马拉雅地区，也有牦牛、羚羊和一些鸟类适应在低气压的地区生活；而在深海的海沟，五千米以下阳光都照射不到的地方，还有一些深海鱼类生活在那里。因此，在这个世界上，我们在一些极端恶劣的环境中总能找到一些动物，它们适应了当地令人惊骇的自然环境，留下了顽强而又坚韧的生存的痕迹。这些动物通过长年累月的进化与改变，拥有了与恶劣的环境进行对抗和适应的器官和生理结构，比如有些极寒地区的动物就拥有厚厚的皮毛、防御寒冷的皮下脂肪，类似企鹅、北极熊等；而有些动物在冬天来临之际，还可以收集食物进行冬眠，降低自身的心跳、新陈代谢速率和呼吸频率等，比如极地松鼠、青蛙、蛇类等。

行动：生存的天赋

动物之所以被称为动物，是因为动物具有各种各样的运动能力，这种能力实现的条件有各种各样，但结果只有一个，就是将身体从一个地方转移到另外一个地方去实现某个目标。这样一来，我们就能看到大自然里各种各样动物的运动，比如人的行走、猎豹的奔跑、海豹的潜水、老鹰的飞翔、青蛙的跳跃和蜥蜴的爬行等。有些动物除了利用自己身上的肌肉与骨骼进行位置移动之外，有时还会运用气流、温度和风向等自然条件辅助自己的行动，以便到达更远的区域。

而数万年来，人类和其他动物都是这样依照自己的能力，一起生活在这个美丽的蓝色星球上。这些物种通过与自然界的不断交互活动，各自维持着它们在自然界中的生存和繁衍。然而，动物与外在自然世界产生交互（即生存、繁衍、发展）的唯一手段，却只能依靠自身的行动来达成目标。

因此，向当下外部环境的目标对象做出合适的、恰当的行动，这件事对于动物的生存与发展来说至关重要。在某些极端的情况下，能否做出合适行动这件事甚至会关系到个体生命的生存安危。那么，我们很自然地就会关注到这个问题：

“动物如何行动的？”

动物要进行各种各样的行动，其实不光需要身体骨骼与肌肉的协调运动，更需要外界感知信息的获取，通过动物的知觉系统进行处理后，动物才能根据外部不同的环境条件和信息，来采取有针对性的行动。那么，这样一个问题又摆在我们面前：

“动物的知觉，如何指导个体的行动？”

然而，这样的问题显然比较宽泛。通过很多传统的心理学实验（如黑灵错觉、彭佐错觉等）我们知道，知觉有正确的知觉（对某些对象做出合理的判断）和错误的知觉（即错觉或幻觉，不能正确地辨认对象或对某些对象做出不合理的判断）之分；而动物根据知觉的正确与否，也相应地会产生合理的行动和错误的行动（即失误）。因此，对于知觉与行动的关系来说，大致存在着四种情况：

知觉正确，随后产生正确的行动（最普遍的情况，保证了我们正常的生活，比如对地面的知觉，我们可以据此进行正常的站立、行走和奔跑等）。

知觉正确，随后产生错误的行动（比如对足球方位产生正确感知，但由于身体条件或其他外在因素，导致在行动上出现失误，比如运动员踢球时由于脚滑等事件影响动作的做出，从而一脚踢空等）。

错误的知觉，随后产生正确的行动（“歪打正着”等极其罕见的小概率事件）。

错误的知觉，随后产生错误的行动（这个相当普遍，有很多视觉研究的案例，比如错觉图片导致被试者产生错误判断及行动）。

这四种情况都会在动物的日常生活中被体验和经历到。然而，动物日常所经历到最多的情况，则是能够提供其正常生存和生活的知觉运动模式，即正确的知觉，引导了正确的行动，所有的行动都刚刚好能够适配周围的环境条件，比如猎豹可以在地上奔跑，鱼儿可以在水里畅游。因此，如果我们要将这种刚刚好的知觉运动匹配模式进行形式化，以期之后应用于人工智能机器人，让它们的行动也能像动物运动这样与环境相辅相成的话，那么就应该将研究重点聚焦在以上知觉与行动四种组合中的第一种情况。因此，本书所要研究和解决的问题是：

“我们怎么知道，自己能否对外部世界中的对象做出合适的行动？”

对于这个问题的解决，依照当前认知科学中的研究进路（具体如认知心理学、实验心理学、实验哲学等理论方法），我们可以将上面这个问题细化到具体可分析的层面，即：

“动物如何凭借知觉，获取所处当下环境中目标对象的意义？”

举例来说，我们的家中常常会养些宠物陪伴自己。那么，我们身边的小猫小狗，是如何通过自身的知觉，知道自己能否跳上厨房里的餐桌，然后去偷吃桌上那根透着浓郁肉香的腊肠呢？同样，对于我们人类来说，这个问题也是如此。比如，在周末去逛超市的过程中，我们是如何知道，自己能否够得到超市货架高高的第五层上，摆放的那袋薯片或者锅巴呢？

首先，让我们将注意力转移到上面超市购物的案例中。面对高高在上的薯片或锅巴，想要解决如何把它取下来扔进购物车这个问题，我们都会想到用简单的试错法试一试：我们先踮起脚尖够一下，发现还是够不着，这是第一次试；接着，我们就跳起来，试着在跳起的最高位置时，抓住这个时机，将薯片或锅巴够下来，这是第二次试。假设我们第二次试错时，成功地解决了这个问题。

确实，试错法可以帮我们解决生活中很多类似问题。但是，通过试错法所学习到的经验，虽然很直接，但这种办法并不是在任何情况下都会奏效。比如，当我们在横穿一条没有红绿灯的马路时，我们必须得在某个时刻做出决定自己过还是不过。这时候，试错法就不可能奏效，因为如果要在即将驶来的汽车前面穿过去时，我们不可能去试一试，看能不能走过去，除非我们不怕死。很显然，我们平常横穿过无数个类似这种情况的马路，而且都很安全地横穿过去了。

那么，我们是如何做出这种合适的行动的？当然，在回答这个问题时，许多因素必须考虑进去，包括汽车的距离和行驶速度、马路的宽度和自己行走的速度等。要理解这么一个行动是如何做出的，就需要对我们的知觉做出考察。

再回到原来的那个问题：动物是怎么知道，它们对于外部世界是否能够做出合适的行动？更进一步讨论，如果我们能够找到一个合适的知觉理论来对其进行解释，并通过该知觉理论获知了这个问题的解决方案，那么这个方案本身，是否可以用数学和逻辑的工具对它进行一些形式化的工作，以便应用于人工智能机器人的行动刻画上来呢？

如果按照这个思路，那么我们就首先要寻找一种能够合适地解决上述问题的知觉理论，然后对该知觉理论进行考察，并对前人理论之优劣进行分析，在此基础上，尝试构建一种新的知觉理论。而经过改造加工过后的新知觉理论，主要可以对两个方面的研究起到一定的推进作用：

第一，基于新的知觉理论，我们可以给出一个对人工智能机器人进行行动形式化描述的计算模型，而且从机器学习的角度，还能探讨该模型实现的可能性途径。

第二，可以将这个新的知觉理论应用到更为广泛的领域，去解释传统知觉理论的薄弱领域和一些近年来才出现的新技术所带来的行动与知觉的合作模式问题，比如虚拟现实、增强现实、混合现实中人们的视知觉与自身行动的关系等。

第二章

如何找出一个好的知觉理论

简单地说，知觉就是动物依赖其各种身体器官，感知外部世界的能力。根据知觉的不同，动物能够在外部环境下获取不同的感知信息，然后根据自己的目标调整自己的肢体来行动。

那么，如何解释在一些具体复杂的环境下，动物如何根据目标，做出合适的行为呢？要解决这个问题，就必须要使用一个适合研究该问题的工具，即某个具体的知觉理论。

然而，在理论界关于知觉的理论流派很多，因此我们就要列出一些对这些纷繁复杂的理论进行选择取舍的元标准，来找到最适合解释动物知觉与行动关系的理论。

基于这个目标，再根据法扬（Fajen）、赖利（Riley）和特维（Turvey）（2009）[1]对体育运动中的感知行为的解释，我们认为只有符合以下几个特征的知觉理论，才是我们所要使用和进行讨论的理论工具。

a. 该理论应该关注聚焦于知觉的成功，而不是失败。因此，一些关于错觉、幻觉、错误表征等诸如此类的研究理论，则不在考虑范围内；

b. 该理论应该着重于考察，人们是如何感知到那些世界中与自己的行动目标紧密相关的属性；

c. 该理论应该能够认识到，知觉与行动、信息与环境这两两之间紧密的耦合（coupling）关系，因为许多熟练的感知行动都会具有这一特性；

d. 该理论应该能够认识到，移动在知觉中扮演着极其重要的角色，即移动对知觉的影响。这种重要性，就像知觉在移动中所扮演的角色一样；

e. 该理论应该清晰、直观、易理解，而且能够比较容易地进行形式化，使之可以应用在计算机对人的行动模拟和人工智能主体机器人上；

f. 该理论应该能够解释，随着行动的不断学习和重复训练，机器人行动的成功可以不断地提高；

g．该理论除了可以解释动物在大自然中的知觉与行动关系和应用到人工智能机器人的行动模型之外，它还能解释新技术下人所遇到的知觉与行动新的问题，比如在虚拟现实、增强现实与混合现实条件下的知觉与行动之间的关系和影响。

之后，我们将分析，为什么如果某个知觉理论可以满足这七个方面的特性和要求的话，它就不仅能合理地解释“人对外在环境如何能做出合适的行动”这个问题，而且还能解释复杂环境下的行动模式，更可以将此行动模式形式化为算法，直接应用在人工智能机器人上，使其行动更加智能化，更加像动物的熟练行动，也更加自然。

对知觉进行一个合适的定义

当说“感知这个世界”的时候，我们到底在表达什么？对于“知觉（perception）”一词，只要在互联网或在各大百科全书中检索该词条，就会显示出各种各样甚至相互冲突的定义和解释。并且，即使在严格的学术著作与论文文献中，“知觉”这个术语也具有五花八门的含义（可参考亚里士多德、奥古斯丁、洛克、笛卡尔、康德、胡塞尔和梅洛庞蒂等文献）。然而，本书无意淹没于各种互相冲突的概念中做一些复杂的解释。所以，在开始本书关于知觉的叙述前，有必要给出一个清晰且直观的知觉定义。

“知觉”这一术语将根据生态心理学家詹姆斯·吉布森（James Gibson，1979/1986）的论述，被定义为：**所谓知觉，就是行动者对来自外在环境信息进行直接地“拾取（pick up）”，并使用该信息来完成一件任务或一个目标。**[①]

在详细地解释“拾取”这个术语之前，首先要对两个术语进行简短的区别，即感

① 在这个定义中，“拾取”这一术语，在之前的文本中从来就没有出现过，然而这个词在本书对其定义之前就首先在这里使用了。实际上，这一术语来自吉布森（Gibson，1979），简单地说，就是感知者能够对环境信息的直接获得。

觉（sensation）与知觉（perception）。

所谓感觉，就是一种刺激，它来自感觉器官对外在环境的探测。该刺激（光波、声波、振动等）继而由感知器官转换成生物电流能量。伴随着这种过程，神经处理就出现了，这些电子脉冲就被转换成一个（比如那种关于外在环境的经验）的知觉结果（percept）。进而，当一个刺激被神经记录后，感觉就出现了。

根据沃尔夫（Wolfe. etc，2006）[2]的论述，当某人意识到对上述刺激的探测时，知觉就出现了。戈尔茨坦（Goldstein，2013）[3]则把知觉定义为“意识的感觉经验（conscious sensory experience）”。

从传统认知心理学的立场来讲，这就是知觉如何被定义的过程。然而，当知觉与行动相关时，这个定义并不适合作为知觉理论的基础，因为它不能合适地解释知觉与行动之间的密切关系和交互耦合机制。然而，知觉与行动无疑是紧密相关的，并且这两者的定义应该根据对方互相进行定义。因此，‘意识的感觉经验’并不能为这种定义的方式提供正确的道路和方法。为了寻求恰当的定义知觉与行动交互作用的理论基础，我们有必要追溯学界对知觉进行研究的不同传统和范式。

通常对知觉进行研究存在两种范式：第一种是间接知觉论（indirect perception theory），或者被称之为“建构论的（constructive）”；第二种则是直接知觉论（direct perception theory），或者被称为“生态式的（ecological）”。在下一节，我们将转入对这两种理论范式差异的比较当中。

知觉是间接的，还是直接的

霍尔姆霍兹（Hermann von Helmholtz）和黑灵（Edward Hering）两位心理学家提供了两种理论类型的原初区别。霍尔姆霍兹作为一个经验主义者，认为人们是通过经验来看这个世界的，比如，根据与外部世界之间的交互活动与经验体会来进行。然而作为一个先天论者，黑灵（1964）[4]则相信感知这个外部世界基于先天观念（innate ideas）和先天机制（innate mechanism），知觉可以通过生物经年累月遗传而形成的器官和中枢神经系统来固定下来，比如，先天的习得和经验。

霍尔姆霍兹（1878/1971）[5]却认为，知觉必定是习得和加工之物，并且，知觉必须超越从感觉而来的信息。这些理念都被建构论者所使用。简单地说，间接知觉论认为，知觉是一个建构的过程，其中来自感觉的信息被组合起来，然后构成知觉。从这个观点中，我们也不难看出，这个观点隐含着一个主要的理论假设，即单独的感觉信息不足以详细地说明知觉，感觉材料必须要通过心理活动加工后才能被转换为知觉。

而直接知觉论则持这样的一种观点，即我们与周围的外部世界之间存在着直接的连接，比如，环境提供给我们全部必要的信息，而我们与环境中间，并不存在类似于表征等理论假设的媒介物。这一理论的支持者认为，知觉系统已经进化到使动物可以直接从环境中拾取（pick up）其所需的相关信息。举例来说，在视觉的案例中，周围的环境光扩展模式，就包含了关于正在靠近物体的相关确定信息，比如捕食者或猎物的出现信息。因此动物可以精确地感知到这样的模式，这是一个进化的优势。下面我们首先对支持间接知觉论的实验证据进行分析。

支持间接知觉论最强的证据，来自实验中人为设置或描画的自然环境下并不存在的二维图像，这些图像会导致一部分被试者产生某些错觉。这些研究认为，在一个刺激与已经产生出来的感知之间，并不存在直接的链接。因此一个反对直接知觉的论证，与刺激和知觉对象之间的关系有关。间接知觉论者认为，在一个刺激与一个知觉结果（percept）之间，并不存在着一对一的直接关系，而必定存在着一些指涉的关系。具体来说有：

a. 单一刺激，产生多个知觉对象（或结果）；

b. 多个刺激，产生单一知觉对象（或结果）；

c. 单一刺激，产生幻觉或错觉。

下面将具体说明以上三种情况。

第一，模糊图像（ambiguous figure）就是这样的例子，它由一个刺激产生出了多个知觉对象。科尔曼（Colman，2009）[6]的心理学词典中，就将模糊图像定义为：一个像内克尔立方体（Necker cube）、或者年轻女孩 / 老妇脸型图和薛罗德楼梯（Schröder staircase）等会使人产生歧义的图像，对这些图像的知觉似乎在（通常是两个）可替换的图像之间摇摆不定，一个知觉或解释会完全排除另外一种的存在，而另外一种也似乎一直在维持着自身的存在性（见图 2–1）。

图 2–1　三个典型的模糊图像示例

这种模糊图像的存在，就可当作对间接知觉论进行支持的证据。支持间接知觉理论的建构论者认为，一个单独的刺激可以导致多个知觉对象。观察者会做出选择，来决定哪个知觉对象或解释被观察并且注意到。因此，在某个刺激与某个知觉对象之间，并不存在一对一的关系投射，即，知觉在这个案例下并不能直接与对象发生交互关系。

第二，对间接知觉理论有利的证据，还来自多重刺激可以引出单一的知觉对象。要解释一个单一的知觉对象是如何被构造出来的，首先需要解释知觉恒常性这个概念。知觉恒常性涉及，人们常常会将一个熟悉的对象看作具有一个标准的形状、颜色、距离或亮光的趋势，无论在这个对象上有任何观察角度、距离或亮光的改变，该对象还会与人们当初看到的样子是相同的。举个例子，正在慢慢接近的汽车，我们会看到这辆车会越来越大，但正常人不会认为这辆汽车本身的体积正在变大。

第三，单一刺激，却得出了错误的知觉对象，这么一个知觉结果，就是幻觉或错觉。彭佐错觉（Ponzo illusion）和缪勒—莱尔错觉（Müller–Lyer illusion）（见图 2–2）便是经典的案例。

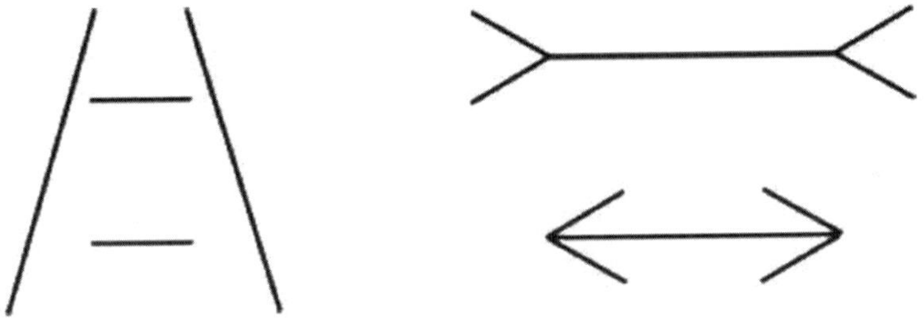

图 2–2　彭佐错觉和缪勒—莱尔错觉示例

直接知觉理论认为，知觉是直接的，它不需要任何心理表征或心理计算。吉布森和他的一大批拥护者如策梅洛（Chemero）、梅斯（Mace）、肖（Shaw）、特维（Turvey）和沃伦（Warren）等学者都推进了这一研究进路的发展。吉布森于1979年出版的最后一部著作《视知觉的生态进路（The Ecological Approach to Visual Perception）》，则为直接知觉论的概念框架提供了三个主要原则。

首先，世界的信息可以被直接地感知，而不需要任何心理表征推理或数据编译。

其次，知觉是作为引导行动而存在的，而非那种仅仅是为收集外部刺激并进行加工推理的角色而存在。

最后，知觉所获得的引导行动的必要信息是由外部环境来提供的。

作为一种对传统认知理论挑战的反叛者，直接知觉理论从诞生之初就一直遭到激烈的反驳。在上一节中，对于间接知觉的三个主要的论证是，一个单一刺激，可产生多个知觉对象（知觉结果）；多个刺激，可产生同一个单一知觉对象（知觉结果）；刺激可以产生错误的知觉对象（知觉结果）。而直接知觉论者必须对每个论证一一做出回答和反驳。

第一，一个刺激可以用多种方式来感知。这一情况典型地包括在穷尽了所有光学信息的条件下来观察一个图像，知觉系统已经形成了这样的功能，即从外部环境中提取相关的特征信息。这个回答可以解释为什么一个如鲁宾瓶一样的图像，可以被感知为两个人的侧脸，这两种知觉对象（知觉结果），或许在某种程度上与我们的生存息息相关。

第二，多个刺激如何能够导致一个单独的知觉对象（知觉结果）。间接论者据此认为，某人只能觉知到一个物体对象的不同的表现，因此它的实际属性则必定是推测出来的。这个论证意味着承认，我们可以学习着去将物体对象的真实属性与我们所拥有的多种知觉联系起来。举例来说，我们看见视网膜上有一辆汽车的形状，根据这个形状，基于对汽车的先前经验，可以进一步通过推理，推测出这次出现的汽车的真实形状。相反的，直接知觉论则认为，我们根本就不具有知觉的这样一个“两阶段进程（two-step process）”，我们实际感知到的，本来就是物体的真实属性，并且观察视角的改变并不能改变这个属性。

第三，幻觉是依赖于直接知觉的。沃伦（2005）[7]认为，知觉的觉知（perceptual awareness）应该被视为与幻觉 / 错觉等一样的东西，而幻觉 / 错觉现象都是根据对直接知觉的捕捉而得来的。举个例子，彭佐错觉（Ponzo illusion）和缪勒—莱尔错觉（Müller-Lyer illusion）对一个（能够探测出 3D 物体对象的）知觉系统表现出了某信息 2D 光学模式。这些证据表明，如果被试者允许去探索外部环境的话，那么大多数错觉效果都会消散。并且，有很多心理学研究如布鲁斯维克等（Brosvic. etc，2002）[8]也指出，缪勒—莱尔错觉并不是普遍的，这一点体现在人种的差异上，比如欧洲人、亚洲人和非洲人对该错觉的测试结果并不统一。因此他们认为，人类的生活经验会使得某些在别处产生的错觉在这里不会出现。

另外，我们还可以追问，既然间接知觉理论认为，信息首先要被收集起来，然后一些推理进程才会出现。那么这里存在一个麻烦，这个问题在视知觉上就尤为明显①。举例来说，随着时间信息被收集，并且推理过程的出现，感觉中所产生的新信息可能会不断涌现出来。因此，知觉将先于事件的发生而出现，它并不是某些我们主观能够体验到的东西。

可以看出，历史上对直接知觉的研究的理论框架一直存在争论。然而，本书的重点并不在于考察直接知觉与间接知觉支持者之间的论辩历史。因此，面对要解决的中心问题“通过知觉，我们是怎么知道可以成功做出某个行动”，我们有必要去系统地梳理直接知觉理论的发展过程与趋势，而直接知觉理论的核心概念就是功能可见性（Affordance）②。

---

① 因为视知觉会与知觉的当下环境交互的时机因素联系比较紧密。

② Affordance 由于是吉布森自己生造的一个词语，因此很难有中文准确的对应词来翻译。目前有可供性、示能性、机缘、能供性等译法，但都不尽如人意。本书使用“功能可见性”一词的翻译，是因为这个词简单明了，不易引人误解。

什么是功能可见性（Affordance）

功能可见性（Affordance）理论诞生于吉布森对视知觉的研究。虽然在他之前的理论都使用了物理学或光学去解释知觉，但吉布森认为，一个合适的生态理论框架是必要的；并且，如果与环境隔离开来研究知觉的话，肯定会导致对知觉的错误理解。更进一步说，他相信知觉出现于表面、媒介物和实体这个层面，而非物理学的粒子与原子之类的层面。因此，他的研究便关注于这个生态的层面，即对关于适合完成目标和任务的视知觉的研究。吉布森认为，对于知觉研究，我们与其去解决或追问“一个动物是如何能够很好地探测一个确定的光的波长”这种问题，还不如去解决“一个动物是如何能够决定它所可能做出的行动”这样的问题。

“环境的功能可见性，就是提供给动物的东西，它或者是好的，或者是坏的”[9],127。吉布森创造出这个术语，就是为了去恰当地描述由环境提供给动物采取行动的可能性。举例来说，一个苹果，就能提供给动物“可食用的”这样的功能可见性；平坦的道路就能提供给动物“可行走的”功能可见性；一座山峰，就可以提供给动物“可攀登的”功能可见性；这个概念描述了动物能够在环境中进行交互的行动可能性。因此，外部环境能否提供给动物可获得的可用资源，就是一个关于动物当下生存的关键问题。如果能将这种行动可能性进行理论建模，那么就有可能应用于人工智能的行动学习与训练方面，使得机器人的行动更加类似于动物，可以处理实时环境下的各种自然情况，比如让机器人能够在崎岖路面上灵活行进等。

如果要达到上述的研究目标，那么我们就有必要对功能可见性这个概念进行清晰明白的理解，即为什么它值得重视，为什么值得去研究。对于如何把握功能可见性概念这个问题，这里有三个关键特征：

首先，功能可见性与具体行动者的某个行动能力相关；环境会对其中生存的动物提供许多行动的机会。举例来说，水表面的张力就“提供”给水蜘蛛在水体表面行走和穿越。但是，同样的环境却不能给人类提供行走和穿越的可能性。因此，“可行走的”这个功能可见性就是水提供给水蜘蛛的，但不是提供给人类的。

其次，功能可见性的存在，独立于行动者感知功能可见性的能力。简言之，即使行动者不在场的情况下，功能可见性也同样存在于当下环境中。动物必须有能力从当前环境中可得到的信息，来获取相关的功能可见性信息，并进行适当的行动。在上面的例子中，水蜘蛛就能感知到当前关于环境的信息，特别是自己在水面上是否可行走这样的信息，因此就可以做出相应的成功行动。这个关于“环境能够提供给动物何物”的信息，就是动物从环境中所获取的功能可见性知觉行动信息。

获得环境提供给动物行动可能性的这种知觉，可大致等同于“对功能可见性的知觉”。这种功能可见性知觉，使得动物能够去理解在环境条件与它们的潜在行动之间的交互关系。具体来说，动物必须得获取环境的状态与它身体的大小和行动能力之间的关系这样的信息。然而，即便动物不能感知到环境提供的功能可见性，那功能可见性依然也会存在着。它的存在，与行动者是否觉察到并无多大关系。举例来说，在很多武侠小说中，很多故事的主角都会由于某种机缘掉进一个密室中，但却暂时找不到密室通道的机关而不能出去。那么，在这个具有密门的房间里，某个行动者并不知道该扇密门的存在，但门仍然提供了“可通过性”这个功能可见性。因此，无论处于某个具体场景中的行动者是否感知到功能可见性，它都一直存在着。

最后，功能可见性并不随着行动者目标和需要的改变而改变。环境会对其中生存的动物提供许多行动的机会，其中绝大多数功能可见性具有相对稳定不变的性质。这是因为对于动物来说，急剧变化的物理环境并不适合其生存与繁衍，因此在由众多功能可见性组成的居所中，功能可见性基本固定，它并不随着行动者的需求而改变。举例来说，水表面的张力就“提供”给水蜘蛛在水面行走和穿越的可能性。但是，人类也想“水上漂”，却根本是不可能的。同样的环境条件，并不能给人类提供行走和穿越的可能性。因此，“可行走的”这个功能可见性就是水提供给水蜘蛛的，但不是提供给人类的。综上所述，功能可见性的基本形态和理论直观就是上述三条原则，即：

a. 功能可见性的存在，独立于行动者感知功能可见性的能力。

b. 功能可见性知觉指的是，动物能够去理解在环境条件与它们的潜在行动之间的交互关系。

c. 功能可见性具有相当的稳定性。

随着认知科学（主要是神经科学、行为心理学与认知心理学方面）的发展，福多（Fodor）式的那种建构知觉观，即将知觉看作是一种通过内在表征的心里推理活动过程的那种间接知觉理论，不断受到吉布森将知觉看作是对外界意义的拾取的直接知觉理论的挑战，而且直接知觉理论在新近的神经科学与实验心理学的实验中也获得了很多实验证据与观察数据的支持，因此本书采用了直接知觉论的理论范式，并在此理论范式下进行拓展研究。

本书的目的，就是对吉布森原初关于功能可见性的论述、哲学概念上的分析，和以对各种关于功能可见性形式化理论利弊的考察之上，给出一个意义更为准确并且更容易进行形式化的功能可见性新定义：功能可见性是一种基于动物能力与当前物理环境特征之间的高概率知觉行动关系。并且，在此立场上对当前各种功能可见性的形式化理论进行考察与批判之后，本书会提出一种新的功能可见性概率知觉理论（Affordance Probabilistic Perception Theory，简写为 APP 理论）。接着，在此基础上尝试性地按照 APP 理论，对功能可见性概念进行形式化描述。最后进行机器实现的初级动态贝叶斯网建模与算法设计等基础工作。

第三章

吉布森的生态心理学理论

作为本书的理论背景，我们必须研究清楚直接知觉理论的基础以及功能可见性概念的理论演进。实际上，生态心理学理论的产生与发展，与吉布森穷其一生对视知觉的持续研究分不开。因此，我们将从吉布森各个时期的重要论文和著作中，分析和阐述生态心理学中的生态世界观、生态光学以及功能可见性概念的诞生与发展，它主要分两个部分：

第一部分讨论和阐述了吉布森早年的研究成果与工作，主要回答了“吉布森为什么要提出直接知觉理论来替代传统的知觉理论”这个问题。而吉布森理论研究的主脉络，就是根据自然环境状态下（非实验室的静止状态和严格限制被试的方法）的动态视知觉研究，形成了他独特的生态学视野下的心理学理论。

第二部分则讨论了“吉布森是如何阐述直接知觉理论和其理论基础”这个问题。在吉布森人生中的最后一部著作《视知觉研究的生态学进路》中，他详细地阐述了这一理论。

总结起来，吉布森独特视角下的视知觉理论主要有三个核心论题。

（1）吉布森反对传统的视知觉理论范式，他把传统视知觉研究的关注点从二维的图像输入，转移到动物实际所接触的三维具体环境中来。这是因为，人与动物所生存的世界本来就是一个三维世界，而且动物每时每刻的视觉对象也是三维物体，因此吉布森认为，对视知觉的研究应该以视觉中的三维环境为对象。

（2）吉布森拒绝那种认为知觉是心灵对表征信息进行处理的传统知觉观，即那种把通过心理活动所得出的心理推理结果，与自然世界进行一种物理式因果联接的心理过程。换句话说，吉布森的这种做法，其实就是拒绝心理表征理论的合理性。他认为，如果将知觉理解为一种对表征进行信息处理的过程，那么将会在内在心灵（即知觉发生的地方）与外部世界（与视网膜进行因果交互的地方）之间造成一个不可逾越的鸿沟。因此，吉布森建议不妨将知觉看作是直接的（非推理或计算的），环境中的信息可以在动物对环境的探索或探测中被直接地收集或拾取（pick up）。

（3）既然动物可从环境中直接拾取信息，那么动物为什么要做出这种知觉行动？这种知觉对于动物本身又意味着什么？吉布森认为，知觉的根本功能和目的，就是为动物本身的行动做出引导。

综上所述，这三点最后导致了他最大的贡献——功能可见性理论的诞生。如果我们将知觉看作是直接的，它与心灵表征理论相比主要有两个理论优势：

（1）化繁就简。如果知觉是直接的，那么我们不必在心灵中假设一个对外在对象进行赋予意义的对表征信息的处理与推理的心灵活动。

（2）目的明确。如果知觉的目的是为了引导动物行为，那么环境中就必须包含了足够多的可以引导动物行为的信息，而这些信息都可以直接获取。这其实也就意味着，环境其实包含了能够为动物指示行动可能性的信息，即功能可见性。

传统的心理学教科书[①]中，几乎都持有这样一种理论假设，即我们的视觉机制其实很简单，眼睛就像照相机一样，通过视觉就可以生成一张图片，并且可以传输给大脑视皮层进行处理。那么，为什么会有这样的理论假设呢？

这是因为，在传统的视觉研究范式下，研究人员通常要求被试者坐在一个固定的位置，然后在这个固定位置周围对被试者进行一些短暂的视觉刺激，比如一片灯光的闪现等，吉布森称这样的视觉为“快照视觉（snapshot vision）”[②]；如果被试者通过隔板上的小孔来观看对面的环境，这样的视觉吉布森称之为“孔径视觉（aperture vision）”。通过这样的研究范式，研究人员就假设，外部世界在被试者眼睛中的留影与刺激，十分类似于相机中胶卷的曝光；因此，大脑所得到的信息，就类似于电影胶卷式的那种连续快照。

然而，吉布森发现了传统研究下知觉理论范式的局限性与缺点。首先，在传统的心理学实验室中，研究人员用某种仪器将被试者的头部固定住，以便阻止被试者随意

---

① 其实当前主流的教科书也几乎全部是这一现状，可参看当前的一些认知心理学著名教材如罗伯特·索尔索的《认知心理学》等。

② 如果这种刺激持续的时间较长的话，被试的眼睛将会开始对连续的注视，并且对刺激的模式进行扫描，就不能称之为“瞬时的”或“快照的”。

转动头部，从而能够取得其期望的精确测试数据。但是这样一来，被试者就被迫丧失了可以扭动头部观看四周环境的“环绕视觉（ambient vision）”。并且，对于固定于某处以供进行视觉刺激实验的被试者来说，他就不能在实验室中来回随意走动，这样一来也丧失了吉布森称之为的“移动视觉（ambulatory vision）”。

因此，在吉布森看来，如果传统的视知觉的研究结果是正确的，除非生物有机体的身上只有在实验室中得以测量的那两种视觉，即快照视觉与孔径视觉。否则，我们有必要质疑这种传统的研究范式与理论假设。因为这种研究范式下的视觉，与我们平常生活中所使用的视觉并不一致。因为在日常生活中，我们经常会站在某处回顾四周，而且还会边走边看，而这些视觉，是否像电影胶片那样的是一系列快照组合呢?

但问题的关键恰恰在于，无论是人还是其他动物，作为一种能动者（Agent）存在于自然环境中，时时刻刻都在运动着。同样，在这种自然的情况下，他们的视觉所获得的信息，其实并非那种实验室中的静止信息，而是一种动态连续的信息，但是传统的研究范式却往往忽略掉这些对生物有机体来说恰恰是最重要的视觉模式。

那么，针对上述这些被忽视的视觉模式，我们又该如何进行检测和实验?这些视觉模式又是以怎样的形式存在呢? 吉布森认为，一旦脱离了受控的静止实验，传统的心理学研究范式无法回答这些问题。因此，吉布森认为，视觉的机制并不像传统认知描述的那样简单。

在对这种视知觉模式的研究基础上，吉布森认为必须与能动者所处的具体环境、并且与其本身的移动结合起来，才能使视知觉以一种更加自然、未经人为干涉的、不失真的模式呈现给研究者。随后，吉布森就在生态学意义上对视知觉进行了最接近于自然状态下的研究。

功能可见性概念的诞生

如何判断事物本身存在着意义

在学术生涯的早期，吉布森其实就已经孕育了功能可见性概念的萌芽。在早期吉布森与克罗克（Gibson& Crooks，1938）的研究中，他们就对运动知觉（motion perception）进行了实验心理学分析。在文中，吉布森讨论了汽车驾驶与移动环境下物体的内在意义之间的关系问题，并使用了"安全行驶区域（field of safe travel）"和它的"值（valence）"①这两个术语。所谓"安全行驶区域"就是马路界线内部的区域，即"车辆可以无阻碍地行驶的可能区域……它的界线范围是由在知觉中带有负'值'的物体障碍物或地域特征来决定的。而安全行驶的区域，即顺着这个区域的中间线行驶的那部分区域带有正'值'。"[10],454–455 根据'值'这个概念，我们尽量靠中线行驶才能使正"值"达到最大化和最安全。这样一来，我们通过自己对正负'值'的感应行为获取到了物体对我们所呈现的意义。

在吉布森第一篇关于运动知觉的论文中，就开始探讨了物体如何具有内在意义，并且这种内在意义如何影响有机体行为这样的问题。在上面的例子里，'值'这个概念来自格式塔心理学家莱文（lewin，1936）[11]。而在接下来的研究工作中，吉布森开始慢慢地修正和优化这个"值"的概念，并将这个优化后的"值"概念融入到吉布森（1979）的功能可见性概念中去。

在这篇文章中，吉布森和克罗克也对功能可见性概念的另一个源头做了一些有益的讨论，即如何通过一个行为上的相关比率的计算，就能够完成对车辆的预期控制。在文中，吉布森和克罗克定义了一个术语，即"最小停车地带（minimum stopping zone）"，意指行驶中的汽车需要多少可以被刹住的最短距离空间。在吉布森看来，"速度可以被加速到某一个点上，在这个速度上使得汽车的最小停车地带的大小接近

---

① 这个词原意为"化合价"，吉布森借用这个概念来量化安全行驶区域与其他区域比较的值。这是最早来判断外部对象的意义的方法，而在后来的工作中，这个概念已经内化为功能可见性（Affordance）概念的一部分了。

于安全行驶区域的大小，这种情况的发生则使汽车驾驶者开始感觉到‘危险’的存在。”[10],457 在这里吉布森举了个例子，与平常人的运动知觉不同，对于有经验的司机来说，他们所驾驶的汽车在公路上的位置，并不是该汽车实际所处的位置，而在某种意义上说，是在实际汽车所处位置前方那一片潜在的区域里。如果要是在行驶的前方出现了侵占“安全行驶区域”的障碍物，那么车速就需要按比例在最小停车地带里减下来。这就说明，我们每个人根据其生活经验的基础，对周围环境的知觉是不一样的，并且更重要的是环境的属性（汽车速度，障碍物等）与个人的运动知觉相互涉及，不可分开，即有机体行为能够被相关环境特征所控制和影响，这种分析就与吉布森(1977)[12]对功能可见性的描述有些类似。另外，他对“比例(ratio)”的探讨还为后来沃伦（1984）历史上第一次对功能可见性进行形式化工作也做了相当大的铺垫和基础假设。

提示线索对深空知觉的影响

在吉布森对“值”的概念进行了讨论后，他开始在《移动图像的测试与研究(Motion Picture Testing and Research)》这本对美国军方的空军研究报告中，对视觉变量（optical variables）如何能够具有内在意义进行了研究。在报告中，吉布森用视网膜运动模式（retinal motion pattern）和视觉流（optic flow）来指代视觉变量。这个研究也是以后吉布森对光学阵列（optical array）研究的基础。而根据琼斯（Jones，2003）的分析，他也同意“视觉变量对于行为来说具有内在的意义。”[13] 但琼斯同时也认为，吉布森在报告中对外部事物为何具有意义这件事并没有进行清晰的说明。因此，在功能可见性概念出现的前期，还缺乏一些清晰的论证。

根据埃琳诺·吉布森（E.J.Gibson，2000）对其丈夫吉布森工作生涯的回忆，在第二次世界大战时，美国空军委托吉布森等心理学家制定出一套测试标准，以便按这个标准来预测和考核空军飞行员、导航员与机枪手战时的作战表现。一般认为，空军飞行员具有比平常士兵更为敏锐的知觉，特别是对深度与远距离的敏锐知觉。这是因为，飞行员的工作就是起飞和降落飞机，在许多平民化建筑里定位敌方目标，并进行精确打击。而心理学家的任务，就是在测试飞行员与机枪手的视网膜的扫动、分散、会聚与透视等指标，和对深度和远距离等这样的暗示线索是否具有敏锐的知觉和反应。

然而令人失望的是，这套基于暗示线索的测试方法，却在实际的测试工作中的效果不尽如人意，并且出现了一些问题。吉布森（1947）敏感地发现，“在测试某些人在飞机中以极快的速度运动并要尽可能地瞄准目标时，这些暗示和线索并不起作用”。[14]简单地说就是，这套测试标准并不是对每个人都适用。这是为什么？

在“二战”结束后，吉布森开始关注于研究在运动中所感知到的空间布局（layout）和事件信息的本质问题。几乎很少人能看到吉布森（1947）这本为美国空军所撰写的研究报告，但在1950年，他出版了《视觉世界的知觉（Perception of the Visual World）》一书，在这本书里面他详细地给出了为什么那套测试标准不通用的答案。

事物本身就具有意义

在《视觉世界的知觉》一书中，他将研究重心放在了感知空间意义（spatial meaning）的可能性上。通过他的研究，他认为“意义和空间属性不能互相分离开；意义与颜色、形式和纹理等并不能完全分离开。然而，符号的意义似乎与它们的物体相分离并可以被习得。”[15],212 因此，这个结论上，吉布森明确地认为，意义确实有可能内在于自然事物，更进一步说，意义并不需要由感知者来创造或者制作。

值得注意的是，在这本早期著作里，吉布森也拐弯抹角地暗示了一些类似于功能可见性的概念。比如，他认为我们的视觉经验通常可被描述为有颜色的，有纹理的、有阴影的、有光照的、距离上有延伸的、有限的、无限的，或是视觉中充满了平面、边缘、形状和空隙等诸如此类，但“这种描述会忽视这样一个事实，即平面是相似的，并且形状是有用的。正如我们的原始人祖先，我们会考虑它们的**用途和危险**，它们的那些令人满意和烦恼的**可能性**，和那些以它们为中心的**行动的功效**。”[15,198]

因此，即使在功能可见性概念没有被吉布森发明之前，他也一直在关心着这个问题，即本书之前提到的，我们为什么会对陌生的事物产生熟悉的感觉，并知道这件事物对我们来说该如何使用，或意味着什么。在这里，吉布森也在考虑，人和动物如何能立即觉察到环境中的物体，能够提供给它们哪些行动的可能性，并按照这些信息来对物体作出合适的行动这个问题。

带着这两个问题，我们接下来再看看吉布森随后的研究，这些想法可能受到了格式塔心理学家科夫卡（Koffka，1935/2013）的研究，他认为与感知事物本身一样，事物的意义，其实也可以被动物直接地感知或拾取。

视知觉对运动的重要性

吉布森关于功能可见性（Affordance）的直接理论渊源，实际上可追溯至这篇名为《主动移动与客体运动的视知觉》（1954）的文章里，他对于物体移动的视知觉与主体运动之间关系的进行了细致地研究，并反对将物体的移动仅仅看作是一个物体的简单特征，并着重强调了运动对视知觉的形成存在着非常重要的影响。

面对物体的移动这个研究对象，以往的研究方向往往只是简单地过问“我们如何能够看见这个物体？”，但在吉布森看来，这个简单的问题掩盖了许多心理学并未解决的问题。其实，这个简单的问题背后，其实包括了这样三个彼此独立而又紧密相连的问题：“我们如何能够看见物体的移动？我们是怎么观察环境的稳定性？当我们在

一个稳定的环境里运动时，我们又如何感知我们自身？”[16],304

随后，他在文章引用了科夫卡（1935/2013）格式塔心理学的观点，“正如物理学家可以把一个运动看作是某个坐标系中的一种关系一样，一个能知觉到的运动现象，也与一个能知觉到的结构框架现象相关。”[16],310 所以，“可感知到的运动，则会出现在一个知觉上稳定的空间或环境里。”[16],310 在这里，吉布森（1954）认为对于物体稳定性的知觉，则是对于物体移动的知觉的一部分。换句话说，即这种对于稳定性的知觉，就是对于移动的知觉的开始或结尾部分，但绝不是独立于对物体移动的知觉，知觉是一种在物理时间上持续进行的一个过程。因此，我们对于物体的视知觉是一直在运动中的（包括物体的移动，观察者自身的运动），而非静止的（包括眼球转动，视网膜对物体不同侧面光学分布的接收等）。

最后，吉布森认为我们对于物体在稳定环境内的移动的知觉，和与此同时我们对自身运动的感知，都可以被主体本身的视知觉直接感知到。而且，需要强调的是，我们绝对不能把这两种刺激孤立起来研究和分析。并且，那种类似于把物体移动捕捉为静态影像的来进行分析的心理物理学（psychophysics）是不可能存在的。因此，基于静止观察为理论基础的传统知觉心理学忽视了很多对于知觉研究的关键问题。这个结论，在吉布森（1966）名为《作为知觉系统的感知》这本有着很高引用率的著作中更加清晰地表达了出来。

功能可见性概念的初现

根据埃琳诺·吉布森（2000）的回忆，当她的丈夫吉布森（1966）开始写这本《作为知觉系统的感知》这本著作时，功能可见性的概念就逐渐呈现出来了。从这个时候起，吉布森就开始奋力于研究知觉与行动的本质关系，并最终导致他形成了一个全新的功能可见性概念。

值得注意的一点是，在当时，认知科学①还是一门年轻的新兴学科，其实质目标，就是要发展一种全新的信息处理的理论。但吉布森（1966）与这种观点和理论方向相左。理由在于，吉布森认为相比于认知科学研究“在认识过程中信息是如何传递的？”这个问题，更重要的问题在于“哪些信息才是可获得的？”在他看来，“人类与其他动物是如何产生信息的？”这样的问题，其实可以被更好地考虑成“人类或其他动物在环境中使用他（它）们本身的能力时，在环境中存在着哪些信息资源？”

区别于人类与其他动物自己建立了供其可生活的和可理解的世界这样一种主流观点，吉布森认为，是人类和其他动物在他（它）们的生存活动中适应了世界中信息的流变，并与我们所生活的这个世界上的其他系统中的生物产生交互、进而不断地生存繁衍下来的。

与此同时，我们也应清楚地认识到，正统的科学哲学家和认知科学家如福多和派恩夏利（Fodor & Pylyshyn，1981）、乌曼（Ullman，1980）与维拉和西蒙（Vera & Simon，1993）等很难去理解这样的一种观点。究其原因，很大程度上在于，吉布森关于认知与行动的理论框架的特殊性，与这些主流认知科学的理论框架有着本质的不同。在这些正统的认知科学家的理论中，知觉是人与其他动物在与环境交互的过程中的一部分，他们通过知觉来对具体的环境特征进行编码，再反馈到人的认知系统中进行信息处理，并对认知过程中的不同阶段进行分离，最后进行认知的分析。

贝克哈德和瑞驰（Bickhard & Richie，1983）认为，吉布森的知觉观，领先于这些正统的认知科学家的知觉观。而生态心理学的核心观点，便是认知与行为的交互是非常细微和复杂的生物行为，纯粹科学式那种对知觉的分解分析必然不成功。简而言之，就是布鲁克斯（Brooks，1990）所说的“这个世界就是其本身最好的模型。”[17] 而特维（1992）也有类似的观点。当然，如前所述，吉布森（1954）当时就对在我们的物体移动的知觉中，知觉活动和观察者的运动是否可以分离产生了极大的疑问。

---

① 一般认为，认知科学的基本观点在20世纪的60年代出现了一些整合的趋势。1975年，在美国斯隆基金的支持下，学者们将哲学、心理学、人类学、神经科学、计算机科学和语言学等相关学科整合为一个大的学科，即认知科学（Cognitive Science）。

而心理系统活动进程如知觉等不能简单地分解，这个观点成为吉布森（1966）知觉理论的核心，并且也成为生态心理学取得极大发展的关键所在。

吉布森（1966）简要地描述了功能可见性这个新概念："当恒常物体的恒常属性（即形状、大小、颜色、纹理、合成、移动、画面和与其他物体相关的位置等）被观察者感知到时，观察者就能继续探知到它们的功能可见性。我创造出这个新的术语，用来代替那些身负很多旧的哲学意义的术语价值（Value）。我用它来表示事物所能提供的东西，或好或坏。毕竟，它们到底能给观察者提供什么，还是要依靠它们自身的属性。"[18],285

这个关于功能可见性概念的简短描述，预示着他正在努力形成一个关于功能可见性更为严密和谨慎的理论，并且对这个概念满怀希望。在下个阶段，我们将能看到功能可见性概念一个更为丰满的形象。

吉布森的生态世界观

本节主要讨论吉布森（1979）的生态世界观，以及基于这个世界观基础上的生态光学理论。而在技术层面的问题上，吉布森（1979）这部著作所要解决的实际问题是：我们如何使用视觉系统观察我们周围的环境？我们如何能看到，这个或那个具体的东西是干什么用的？我们是如何使用视觉系统协调身体去实现驾驶一辆汽车、坐在沙发上、上楼梯或者那些穿针引线的小行为？当我们运动的时候，这时的视觉又是怎样的？这种动态的视觉跟我们静止时的视觉又有着怎样的不同？

带着这些问题进入本节，可以使我们更具体且深入地了解吉布森的理论是如何巧妙地回答的。

动物与环境的本质关系

无论人类或其他生物，都生活在这个世界里的某个具体环境中。他（它）们时刻都在与当下所处的环境打交道。因此，吉布森认为，对生物所处的具体环境给出一个精确的定义，这会对我们进行视知觉研究助益良多。而这个具体的环境，将会以一种生态学的方式被定义，但不是传统范式中的物理环境（即以物理单位来描述的环境情况，比如可见光、气压、密度等）。吉布森将这种生态学意义上的环境，称之为生物的“居所（niche）”。所谓居所，就是动物赖以生存的栖息地，在居所中动物可以寻觅事物、栖息繁衍，十分有利于动物的生存。同时，我们也可以通过“居所”的具体情况来确定具体是哪类动物在此生存。

吉布森之所以这样做的原因在于，他认为物理学、生物学和医学所描述的客观事实，对我们即将研究的知觉事实并不在同一个理论层面上。举例来说，物理学通常将光看作是粒子辐射造成的现象，即光是一种波长为 400 至 700 纳米（nm）的电磁辐射波，而不会把光看作是对动物所意味着的“明亮”，因为动物不会用数值来对光线进行评价。简单地以人类来说，当光线过于强烈时，我们会说“这光让我睁不开眼”；而当光线过于暗时，我们会说“这光暗得让我几乎看不见”。这些测量与评价，完全是基于自身的视知觉的信息反馈来产生的。因此，这些物理意义上的描述，对我们研究视知觉并不合适。①

接下来，吉布森将对我们的视觉与我们当下所处的具体环境，进行一个生态学意义上的全新描述，并着重解决三个方面的问题：

（1）动物与它们所处的当下具体环境的交互方式都有哪些？

（2）生态学意义上的动物环境，与物理学意义上的物理世界到底有哪些不同？

（3）动物所赖以生存的具体环境，又会对动物本身有什么影响？

---

① 当然，这种现象不仅仅发生在视觉上，在其他的测量中，人类和其他动物也会以自己的生态量度来对测量对象做出评价，比如，“黄帝陵的松柏树十个人都抱不过来”“iPad 的屏幕大概有两个巴掌那么大”“从超市到家也就几步路，咱慢慢走”之类。

动物与环境的交互方式

我们知道，自然科学知识可以对我们所生活的这个世界做出不同层面的描述。举例来说，在天文学的层面上，这个世界只是浩瀚宇宙中太阳系的一个小行星；在佛教中，这个世界只是三界二十八天之一，如此等等。那么，在生物学的意义上，这个世界又是如何被描述的呢？

吉布森认为，生物学首先是用来区分生物与非生物，而作为生物的动物，又可以根据动物学来进行更为详细的区分，比如恒温动物与变温动物、陆生动物与水生动物等。这些分类方式，大部分都与动物所栖息生存的环境有关。而环境，就是围绕在动物周边的事物，这些事物包括了其他动物、植物、微生物和其他非生物物质等。

运动或移动，是动物与其所处环境唯一的交互方式。很明显，通过各种运动，动物与它们当下所处的环境产生了交互。吉布森就认为“动物”和“环境”这两个术语是不可分割的配对，即我们一提“动物”，就必然是某个具体“环境”中的“动物”，而提到“环境”，也必然是那种栖息着某些“动物”的“环境”，即吉布森所说的“每一个术语都暗示着另一个。没有环境围绕，动物根本不会存在。同样……环境这个词也暗示着，某个动物生存在其中。”[9],8

这样一来就会产生出问题：如果环境按照上述定义的话，那么还没有生物存在之前的地球，是否能被称作环境呢？

对于这个问题，吉布森的答案是否定的，他认为这个地球是一个物理的实体，因此也是一个潜在的环境，它给生命进化提供了潜在的可能。因此，他将这个时期的地球称之为“世界”，而不是“环境”。

遵循这个思路，作为研究物理世界的物理学，显然就不能对环境与动物的交互性做出精确且详细地说明。因为物理学中的术语，比如能量、时间、空间、物质等这样的术语，并不能精确地解释生物栖息和物种生存等概念。进一步说，每个动物，都是在环境中的一个感知者和行动者，但不是在物理世界中的感知者和行动者。换句话说，动物并不能以物理单位和量度来感知世界，因为动物并不是物理测量仪器，而是具有动物自身的生物量度。换句话说，动物要使用自身的生物能力测量这个世界。

生态世界与物理世界的量度

动物对环境的生物量度，与物理学对外部世界的科学量度这两者之间到底有着哪些具体的区别呢？吉布森在区别动物环境与物理世界之间的差异，其主要思路是，两者量度单位概念的差异，导致了两者在核心概念上的巨大不同。

总的来说，物理世界包括了从基本粒子到宇宙星系的一切物质，它们存在的大小可以根据一般物理单位（毫米、米等）甚至极端的物理单位（纳米、光年等）来进行衡量。但是，这些极端的量度却并不适合去测量动物所栖息的环境，环境中普通的事物可以通过一般单位进行测量，比如一座山的海拔或一棵树的长度等。

对绝大多数生物而言，它们所生存繁衍的环境，就是地球的表面。而各种地表之间，又因为具有不同的纹理、起伏、视野，因此也就存在着不同的地表结构。在对这些地表结构进行测量的时候，动物会用自身的内在尺度去丈量周围的环境，并寻找出跟自身比例相符并且有利于自己生存的环境，如土拨鼠寻找一座丘陵、猴子寻找一片森林、蜻蜓寻找一处洼地等，所有这些东西，都是地表环境的结构单元部分，这被吉布森称之为“我们这个世界的形状或形式”。

随后，吉布森根据这些地表单元的位置，又使用了一个术语来描述：“嵌套（nesting）”，即表示小的地表单元嵌套在一个大的地表单元里。举例来说，峡谷就嵌套在山脉里，森林又嵌套在峡谷中，而植物细胞又嵌套在树叶里。不难看出，这就是一个从上到下的层级，小的单元总是嵌套在大的单元中。这种层级观在现代物理学中体现得尤为明显。但是，物理中的粒子世界或天文世界这种量度的范围并不适合心理学研究，因此，吉布森认为，心理学的研究范围应该限于适合动物生存的生态层级中，比如动物与人类的栖息环境，与人类的感知系统之间的交互上面，毕竟人类与动物的感知器官并没有能力去探测粒子或星系等那么极端的世界。

基于动物感觉器官的限制，动物只能基于自身生物能力，探测到极其有限范围内的环境情况。比如，我们可以感觉到水里的鹅卵石有多重有多光滑，却感觉不到这块石头被水侵蚀了多少岁月；同样，我们爬山时可以感觉到脚下地面的坚实，却感觉不到山间岩石如何被风化。这种环境改变的速率，确实是在物理学中可以得到精确的表达，但在动物们的知觉能力范围内，也确实是无法做到的事情。

针对这种地表环境的改变，吉布森提出了三个重要的概念：“布局（layout）”“持久（permanence）”和“改变（change）”，后面这两个术语后来被吉布森以术语“不变性（invariance）”和“变性（variance）”来进行同义代替。

所谓环境“布局”，在吉布森看来就是指环境的地表形状，而地表形状有时会具有“持久”的性质，但在某些情况下也会发生“改变”。举例来说，我们所住的卧室环境的布局中，有些就有“持久”的性质，比如天花板，墙、地板和房间位置等都是持久不变的，但是屋内的家具、桌椅板凳的排列却是可以改变的。与此同时，吉布森也强调了，“持久”并不是永远不变，因为万物不可能永远恒常。因此，所谓“持久”或“不变”的事物，只是在时间上保存得比较长而已。

“不变物”这个概念是流变的刺激的基础，这个观点是吉布森理论化的一个中心点。为吉布森回答那个基本的问题“恒常知觉（constant perception）是如何可能的？”不变物就提供了一个基础。对于吉布森来说，恒常知觉是可能的，因为确定的高阶变量（certain higher-order varible）——比如刺激能量、比率和分布等都没有改变。吉布森（1979/1986）描述那些允许动物呼吸（即空气）和移动（平面）等媒介物何以可能并且由光线、振动和气味所充满的时候指出“全部这些由自然所提供之物，就是我称之为可能性、机遇和功能可见性的东西，它们都是不变的。通过动物生活的整个进化，就可看出它们很明显是恒常的”[9]，18–19

从下表的比较中，我们可以看出动物环境与物理世界量度的差异。

	物理表达	生态表达
时间	物理单位（秒、分、时、年等）	动物可感受到的环境或事件的改变
空间	物理单位（毫米、厘米、米、千米等）	动物当下所生存的周边具体环境

以生态学式的角度看，冰山消融、树木燃烧成灰等这些自然现象，吉布森都称之为“消失”。这是因为这些物质的转化，通过动物的视觉看来，它们的确不存在了①，因为它们作为一种物体，在光学的意义上消失了，没有动物能够再看见它们，因此它们“消失”了②。因此，作为动物生存所处的当下环境，就不能时时刻刻剧变着，或者永久地恒常不变。在这两种极端的情况下，动物将不能生存，这些地区也不能为动物提供栖息的场所。既然没有所生存的动物，那么也不能称其为环境。动物和环境这两个术语，它们互为补充地存在。

因此，某个地方要能称其为环境的话，则必须有某些动物在那里生存，而且其中布局也不会有极端的情况出现。同理，我们也就可以知道，动物在环境中的运动，与物理学中物体在空间运动这个概念之间是存在差异的。因为在具体环境中，物理世界中那种理想的纯粹加速、光滑平面等根本就不存在。

综上所述，我们不难得出以下几点：

第一，所谓环境，就是动物的环境，就是动物所能感知到的那些周围的事物。这种环境，并不同于物理世界。当然，吉布森也认为，这个世界可以由根据物理学的术语描述出来，但他同时也认为，物理学的术语却并不适合对环境的描述。

---

① 尽管在物理学上，我们认为这些自然现象只是物质状态发生了改变，物质并未消失。冰变成了水蒸气，树木中的碳被氧化为一氧化碳和二氧化碳。

② 而这类知觉的视觉光学基础，将会在随后的章节里进行讨论。

第二，动物及其所处的环境，这两者是互补的概念。

第三，环境的组成部分是自然单元，这些单元通常被嵌套进一个更大的单元中。

第四，环境中既有持久的部分，也有改变的部分，极端改变的地方不能称其为环境。

那么，我们很自然会联想到这么一个问题：环境的改变，到底是哪些具体的改变？

动物居所的环境结构

从上一节我们知道，动物对环境的量度，与物理学对世界的量度截然不同。因此，对应物理学适合科学测量的量度，动物本身也存在着一套适合其生存与繁衍的生态量度。本节所要解决的主要问题是：动物如何测量具体的地表环境？根据经典物理学，宇宙是由空间中的物质所构成。同理，我们也不难想象出，我们所存在的世界，同样也是由空间中的物质所构成。但是，作为动物所生存的环境，吉布森认为就不能用物质、空间等这样的物理术语来描述，所以他用了三个术语来说明地表环境的结构，分别是：媒介（medium）、实物（substances）和表面（surfaces），而这三个术语所描述的对象，对于生活在具体环境下动物的行动，有着极其重要的作用。在这一部分中，将会对这三个术语进行详细的解释。

实物

这个概念对应的是物理学中的物体概念。在环境中，还有一部分事物，可以阻挡光线与气味的穿透，而动物也不能在这些事物中进行移动。因此，这种事物就被吉布森命名为实物（substance），而气体状态的那种事物则是非实物（insubstantial），液体则处于这两者的状态之间。实物在环境中很多，比如石头、树木、金属等，而且环境中的各种动物本身也算是实物的一种。

作为动物时刻都要面对的对象，动物也对实物进行了区分，而这种区分原则就是动物对其做出某一行动后的效果。动物对不同的实物进行某种行动，也会得出生理性（比如疼、冷、热等）或者行为性（可行走、可饮用等）不同的效果。举例来说，动物为了生存必须进食，那么哪些实物是可食用的，哪些实物是有毒不能食用的，就必须通过实物在媒介中的表现（气味、形状、颜色等）进行区分。

实物可以按照很多规则来进行区分。按照对动物行动的阻力来区分，比如硬度、黏度、紧度、疏度等；按照可塑性来区分，比如弹性、固定性等。当然，吉布森也知道所有这些性质，都可以用物理学中的基本粒子引力等理论来解释，但没有必要以这些术语来分析实物。因为动物对实物性质知识的获得，并不需要物理学来解释。举例来说，燧石的可燃性和陶土的可塑性，在人类还没有化学、物理、数学等学科之前，我们的先辈就已经获得了这些实物的性质，并且加以创造性地使用，才产生了如此光辉灿烂的文明。

同理，对于环境中实物的改变，会同时在化学上和结构上发生改变。而在这里，用分子化合作用来对实物改变进行解释是不必要的，因为生态学中的实物改变的解释，与物理化学中物质分子运动作用这种解释并不在一个讨论的层面上。这是因为，在实际环境下，动物并不具有能够感知分子运动的器官，因此也感知不到物理学和化学层面上的反应，它们只能感受到实物形状、存在与否等这样结构上的改变。

媒介

媒介这一术语，相对应的物理学术语是空间。但是，吉布森强调媒介又不同于空间概念。其根本差异在于，动物所处媒介中的位置（自身的观察点）是唯一的。动物在媒介中移动的路径、根据动物的观察点所获取的信息，在不同的观察点上是不同的。

因此这并不同于物理空间中某点上所存在的声光波动、化学挥发物的信息。

众所周知，气体与液体相较于固体来说，最重要的一个特征是某个实体可以通过气体或液体进行移动，因此气体和液体是生态学意义上的“非实体”，吉布森将其看作是可提供动物进行移动活动的媒介（medium），并且认为媒介具有以下六个特征：

（1）可行动性。动物可以在媒介中行动。而且，气体比液体更适宜动物行动，这是因为相比于液体，气体对动物的阻力要小得多。

（2）可视性。相较于固体，气体与液体更适合传输光，而固体一般只能反射或吸收光线，而不能被光线所穿透[①]。因此，在气体和液体中，动物的视觉感官就可以进行良好的工作，光线是一种照明的资源，因为环境中的实物会吸收一些光线，并且对光会进行一些反射，这些反射刚好会由动物的视觉器官所获取。

（3）可传递性。无论是声波、光波还是压力波，都可以在液体和气体中振动和传播，这样媒介就给动物的听觉提供了可能。

（4）可扩散性。媒介（气体和液体）中允许物质进行急剧扩散，例如气味、花粉等，而固体则不具备这个特征。例如某个动物闻到了香味，就可以探测到附近有植物花朵的存在，而不用依赖于视觉；闻到了烧焦的味道，就可以探测到附近有危险。

（5）可呼吸性。气体和液体这两种媒介都包含了氧气，并且给动物提供了呼吸的可能性。陆生动物可以在陆地上用肺呼吸，水生动物也可以在水里用鳃呼吸。动物必须要时刻进行呼吸才能维持生命，因此适合动物生存的媒介必须具有相当的稳定性和持久性。

（6）可参照性。对于动物的生活来说，媒介都有上和下两种极性。在这个参照系中，水压和气压会随着向上维度减少，而向下维度增加。而与这个维度垂直的是另一个维度，是有日升和日落的地平线。这个参照系对于动物生存来说是绝对的，永远也不会更改，除非地球这个环境毁灭。吉布森认为这两个维度与物理学那种任意的三

① 这种光仅指动物可见范围内的光线，可穿透固体的射线则不在考察范围内，比如X光等。

维空间的描述有着本质的区别。

综上所述，环境媒介给动物提供了可行动性、可视性、可呼吸性和可参照性这四个特性，并且给环境中的事物（声、光、味等）提供了可传递性和可扩散性这两个特性。由此可见，媒介这个术语在吉布森的理论中占有极其重要的地位，甚至于他说“如果我们理解了媒介这个概念，那么我就可以认为，我们就进入了一条思考知觉与行动的全新道路。”[9],177 吉布森认为，自然所提供的所有这些功能可见性，对于动物的进化与生存繁衍来说是必需之物，它们是稳定的，在整个动物的进化历史中都恒常地存在着，因此具有不变的（invariant）特性。为了生存，动物感知器官一般都可探测到这些功能可见性的存在。同时也必须注意，这种不变性并不是说媒介是永远均匀和稳定，比如刮风、洋流等，都在媒介中时刻变动的，而这种变动并不是那种吉布森所谓的不适合动物生存的“急剧改变（rapid change）”，在媒介中这种程度的变动并不会危及动物的生存，而且很必要。这是因为，在这种环境的动态平衡中，动物可以根据自身的情况而进行适应性行动，比如松鼠、青蛙、蛇和熊等动物的冬眠，红嘴鸥、大雁等候鸟的迁徙等，甚至于有些动物为了防寒而进行的筑巢等活动。

其实，我们也可以看到，动物的活动并不是漫无目的走动，而是受到它们对外界事物的感知（看、听、嗅等）所影响，而进行的有目的或受控的行动。按照吉布森的观点，由于有了光亮（illumination），动物才可以看见；有了声音，动物才可以听见；有了气味，动物才可以嗅见。因此，媒介中就包括了反射光、振动和挥发性事物的信息。而通过对这些信息的探测，处于具体环境下的这些动物才能引导和控制自身的活动。

表面

吉布森认为，在动物的感知系统下，其所生存的环境主要由空气、水和土地这三种事物组成。土地提供给动物最基本的支撑场所，在土地上动物可以做出各种动作和各种行动，并且还将水分成了大海、河流等。而空气，则覆盖在土地与水体之上。很明显，这三者之间都有着很明显的界限，这种界限，就被吉布森称之为表面（surfaces）。这样一来，这三种事物在吉布森那里，对应为描述环境的三要素：媒介、实物和表面，这三个元素都可以发生改变或具有持久性。而且，吉布森认为对于研究知觉与行为来说，用这些术语来描述环境所能够提供给动物哪些可用之物的这个功能，要比使用纯粹的物理学术语（时间、空间、物质等）要好，这是因为这些术语在表述上更为合适与恰当。

在环境中的表面，具体来说就是：

（1）水与空气之间的界限，比如海面、湖面等。

（2）水与土地之间的界限，比如海底、湖底等。

（3）土地与空气之间的界限，比如地面，这对与陆生的地表动物来说，是最重要的活动场所，它为动物提供了知觉与行动的场所。

在媒介、实物与表面这三个术语中，吉布森认为表面这个术语处于重要的核心地位，这是因为表面是动物的主要行动区域，给动物的活动提供了可能；而且，光线可以在表面进行反射或被吸收，使得动物的视觉成为可能；再者，表面是化学物质挥发的主要区域，动物可以触摸、闻嗅；最后，表面是区分媒介与实物的重要界限。

因此，吉布森很重视表面这一术语，并且为之制定了一些法则，即“表面生态法则（the ecological laws of surfaces）”[9], 23-24：

（1）全部的具有持久性特征的实物都有表面，并且全部表面都有一个布局

（layout）。

（2）任何一个表面都会对形状的改变（deformation）进行阻碍，这依赖于该实物的可塑性（viscosity）。

（3）任何一个表面都会对分解（disintegration）进行阻碍，这依赖于该实物的凝聚力（cohesion）。

（4）任何一个表面都具有一个特征性的纹理（texture），这依赖于该实物的组成（composition）。一般来说，表面都具有一个布局纹理和一个颜色纹理。

（5）任何一个表面都具有一个特征性的形状，或大规模的布局。

（6）一个表面可能会在光线或阴影中，被或明或暗地照亮（illuminated）。

（7）一个被照亮的表面，可以或多或少地吸收一些照在它身上的光亮（illumination）。

（8）一个表面会具有一个特征性的光线反射率，这依赖于该实物的种类。

（9）一个表面会具有一个特征性的对光线不同波长的反射率分布（distribution of the reflectance ratios of the different wavelengths of light），这依赖于该实物的种类。这个属性被吉布森称之为颜色，不同的分布组成了不同的颜色。

这样一来，吉布森使用了全新的术语对环境进行了细致的描述，而这种使用非物理术语描述的本意在于，心理学研究的对象就是动物，而动物就生存在这样一种活生生、五彩缤纷的环境中，而不是物理学术语描述的“空间”中。那么，在这样的环境中，动物如何与环境进行交互活动？动物如何使用感知器官来对这样一个丰富的环境进行知觉？在下一节中，我们将会对动物的知觉进行详细的讨论。

对意义和信息的直接知觉

在这一节中，知觉将是我们的核心问题。实际上，吉布森（1979）对知觉进行了生态学式的考察，并确立了知觉的三原则：首先，知觉是直接的；其次，知觉的目的在于去行动；最后，知觉是对事物功能可见性的知觉。接下来，我们对吉布森的这三个关于知觉的根本性原则进行详细的论述。

知觉是直接的

吉布森认为，动物在环境中的知觉是直接的，这就意味着，知觉并不是那种使用表征进行心理推理活动得出的结果。换句话说，动物在环境中直接地去感知某事物时，并不存在中间联系感知者与被感知物的中介，即表征。因此，感知这件事情并不单单属于动物一方，而是动物与被感知物这个系统的一部分。无疑，所谓直接知觉，就是从环境中直接获取动物所需的信息，那么这种知觉是如何可能的？它是否存在于动物与环境这个交互系统中？然而，要回答这些问题，就必须首先回答这些环境提供给动物的信息到底是什么这个问题。

信息作为知觉的直接对象，即吉布森（1979/1986）中所说的环境中的“信息”这个术语，实际上与克劳德·香农（C. Shannon）信息理论意义上的“信息”一词的含义并不相同，因为两者使用的标准与术语都不相同，所要面对的问题也不尽相同。所以，吉布森认为，“非常不幸，知觉所获得的信息，并不能以定义克劳德·香农的信息那样的方式，对知觉信息进行类似的定义和测量”[9],243。

为了说明信息到底是什么，吉布森（1979）用了一个经典的案例，来对刺激（stimulus）与刺激信息（stimulus information）做了一个区别。我将试图在不改变吉布森意图的情况下，将这一案例改写的更有趣些。

首先，让我们想象自己现在处在一个均匀光线并且充满浓厚雾霾（即雾霾严重到使我什么也看不见）的中国人民大学教二草坪上。由于在户外有光线，雾霾会对光线进行漫射和散射，同时这些光线会进入我的眼睛里，并激起视锥细胞的活动，因此我的视网膜会接收到光线的刺激。但是，请注意，在我的视网膜所受的刺激中，这些光线并没有携带什么信息。这是因为，我除了能感受到明亮以外（由于视锥细胞被激活所导致），其余什么都没感知到。据此结果，我就能知道，仅仅有眼部细胞的刺激，这并不足以使我自己有知觉。这一点其实跟我在一间全黑的房间里的情况一样，我也没有什么知觉，因为看到一片亮与看到一片黑，这两种情况除了视锥细胞是否被激活以外，并无本质区别。值得强调的是，周围这些光线并没有从当下环境的表面上（比如草坪西面的人文楼墙壁）直接反射进我的眼睛里，这样一来，我就不能获得当前所处环境表面的信息。

然后，让我们回到现实。我在一个没有雾霾并且天气晴朗的日子里，同样站在中国人民大学教二草坪上。这次不同的是，光线可以由人文楼的墙壁上直接反射到我的眼睛里，激活了我的视锥细胞，使我的视网膜受到刺激，而且光线也能携带关于环境的各种信息，因此我才能看见人文楼外墙壁上水泥的材质、瓷砖的纹理、颜色、形状和表面。

通过以上这个案例，我们就可以知道，纯粹的光学刺激，不具有任何信息。而在环境的表面上无数的漫反射与反射光线，则携带了关于当下所处环境的各类信息。

吉布森认为，信息在环境中普遍存在，环境中除了实物、对象、表面和能量之外，信息也属于环境的一部分。但是，信息却不能被测量和量化，它只能存在于环境中实物或对象的周围。因此，我们基本可以认为，吉布森所说的信息，就是环境中的一种关系特征，举例来说，在上述的案例中，我所获得的信息其实就是光线与环境之间的关系。

综上所述，我们可以将吉布森对信息的看法总结为以下几点。

（1）对环境的知觉信息，并不是香农（1948）信息理论①中的那种信息，两者

① 香农认为，信息就是不确定性的消除与减少。在1948年10月发表的论文《通信的数学理论》（A Mathematical Theory of Communication）中，香农给出了信息熵的定义。熵的定义最初起源于物理学，用于度量一个热力学系统的无序与混乱程度。而在信息论中，香农将热力学的熵，引入到信息论，熵被用来衡量一个随机变量出现的期望值，即熵是对不确定性的测量。根据香农的信息熵公式，在信息世界，熵越高，传输的信息就越多，熵越低，那么传输的信息就越少。

具有明显的差别。

（2）因此，在吉布森的理论中，信息就是环境中的能量（光、声等）形式与实物和表面之间的一种关系。

（3）动物本身其实也是环境中的一部分实物，因此我们身体与环境也会产生一些关系，比如个人身高、腿长与楼梯高度之间的关系信息，可参看下一章中对沃伦（1984）的讨论。

（4）环境中的能量形式，也与环境中的实物一起包含了那种动物可以感知到的信息，即那种环境提供给动物行动可能性的信息。

（5）既然环境中包含了关于动物行动可能性的信息，因此动物就会直接使用这些信息来引导自身做出合适的行动，而不需要进行任何心理表征处理这样的推理活动。

知觉的目的是行动

从上一节中，我们知道动物的知觉可以直接从环境中获得其行动的信息。因此知觉的意图和目的，就是为了产生行动，并对行动进行一定的控制，使其可以完成目标。在这一节中，将会回答两个问题：第一，知觉与行动之间有什么交互关系？第二，知觉本身，是否就算动物的一种行动呢？

让我们先回答第一个问题。从上节我们得出，知觉毫无疑问直接服务于行动的执行。然而，与此同时，行动也会对知觉进行支持和影响。这里有两个案例，前者说明了知觉可以引导行动，后者可以说明行动也在影响着知觉的发生：

第一个案例，让我们考虑一下蜜蜂采蜜时的情况。在自然界中，蜜蜂头顶触角上的感知器官具有灵敏的嗅觉，因此可以探测到某朵花的气味，那么该蜜蜂具有了对这朵花的知觉信息，并且这种信息就会引导它扇动翅膀飞过去进行采蜜活动。与此同时，蜜蜂身上的器官也可以感知到这些电场，而且蜜蜂在嗅到花朵气味的同时，也可以在花朵上留下正电荷，别的蜜蜂可以借由它来判断这朵花值不值得去进行采蜜行为①。

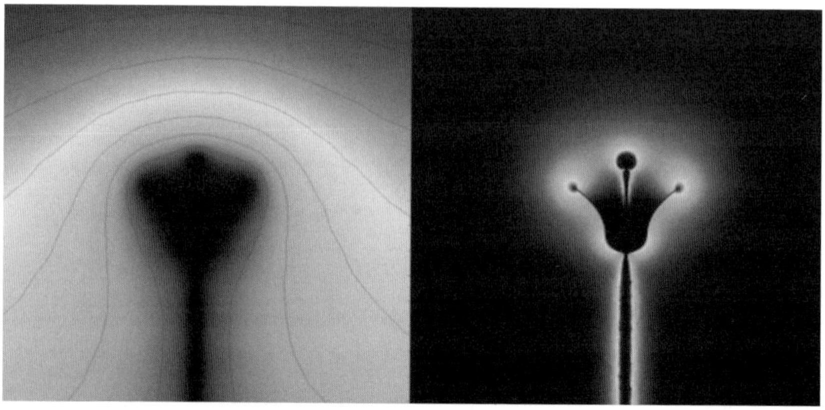

图 3-1　一朵花周围的微弱电场

从上面的案例中，我们可以很容易可以看出，蜜蜂身上的知觉，对其行动具有明显的引导作用。

为了说明行动同时也会对知觉具有影响与支持作用，让我们进入到第二个案例。考虑一下我们自己在书店买书时的情况。设想你现在正在拿着一本厚重的字典，如果你是一个完美主义者，那么你肯定想买一本外观和装帧都无破损的字典。那么，当你在检察这部字典的全部外观有无破损时，你的手部肌肉就会持续用力，而且还要不停地翻转这本字典，反复仔细地看，确保不会有哪个角折损了没看出来而造成购买时疏忽大意，买后追悔莫及。

实际上，通过上面这个案例，很明显可以看出，你用手握着字典，并且手臂不停地通过摆动和扭腕来翻转着字典，因为这样你可以看到字典封面的各个角落，这也就

① 图片来源于*Nature*杂志网站，并被评为2013年年度十大图片之一：http://www.nature.com/news/365-days-images-of-the-year-1.14303.

意味着，通过行动，才能对目标具有一个完全的感知，因此在这个意义上，行动实际上起到了揭示目标物的感知结构的作用。同样类似的证据还来自凯尔曼等（Kellman etc.，1987）对婴儿知觉所做的心理学实验[19]，在实验中婴儿被要求去看一块积木的不同翻转侧面，来观察婴儿是如何从该物体的翻转中探测到该物体不变的三维结构。婴儿对通过摆头来增加对该积木不同侧面的探测，同时婴儿的座椅也会进行一个圆弧运动，来增强婴儿的这种多侧面探测行动。

图 3-2　试验现场素描

该图显示了凯尔曼等（1987）所做的实验情况。婴儿被固定在小车上，按圆弧移动着在观察一块积木的各个侧面。很明显，通过动态处理来获得对目标物的充分感知，这种探测机制其实与我们用手指和腕部肌肉来翻转字典的行动如出一辙。而这种动态处理机制，同时也回答了本节的第二个问题：是的，知觉本质上也是一种行动。

而且，通过这种动态的探测，我们发现知觉的信息就处于所要施加的行动之上，从这个角度看，知觉与行动是非常紧密地联系在一起，因为知觉就是一种行动，并且这种行为是直接为更好的知觉而服务。这样一来，知觉与行动的紧密耦合，再加上对功能可见性信息的直接拾取，就允许动物根据自己的知觉来直接引导自己的行动，因此并不需要对心理表征这种符号假设。

拾取功能可见性信息

第三个原则实际上就是前两个原则的结果。如果知觉是直接的（即那种非推理性的），并且对行动做出了引导，那么就可以说，在环境中必定有充足的信息为这种行动的成功提供可能。在吉布森看来，这种为行动提供可能的信息，就是目标对象事物的功能可见性信息。

但是，功能可见性的出现，使得人们对这一概念出现了不少误解。实际上，对于功能可见性的本质与精确定义，在认知科学界里（可参看第三章中哲学家、认知心理学家们的各种定义与解释）还存在着不少的分歧。因此，功能可见性是一个相当具有争议性的概念。

不过，对于这一概念，目前大家都一致认为：功能可见性是环境所提供的行动机会，用吉布森的术语来说，即知觉实际上就是对功能可见性的直接拾取。

在认知科学家那里，功能可见性普遍被假设为一种由环境所提供的客观特性，所以功能可见性实际在某种意义上独立于动物而存在着。但是，这种做法使我们很难去精确地解释功能可见性到底是哪类具体的东西。因此，我们不妨首先将功能可见性信息看作是一种可以直接知觉到的行动机会；在接受这第一印象之后，我们会在后面对功能可见性这个概念进行一种新型的定义与形式化，以期求得对功能可见性（Affordance）这一具有现象学特色的概念的精确解释。

综上所述，本节佐以实验证据，详细解释了吉布森理论中知觉的三原则。而在下一节中，将深入吉布森关于视知觉的理论内部，以生态光学的视角，去解释信息被知觉直接拾取的光学机制。

吉布森的生态光学

在吉布森看来，所谓视觉问题，其实就是对如何去理解人与动物收到眼部刺激后，做出何种行动的问题。但是，物理光学却不能对这个问题做出解答，因此这个问题就不能仅仅用一些可见光的波长、强度、频率等术语来解释，而需要对人与动物所处的环境的研究来进行补充。所以，要对视觉进行合理的研究，我们还需要生态心理学的术语，如表面、媒介、自我移动等。那么，吉布森是如何通过生态光学来描述环境的？在本节中，将会做出详细的解释。

生态光学与物理光学的差异

吉布森之所以这样引入生态光学，是因为物理光学的概念是以自然界中的物理能量为基础的，但这种物理术语对研究人与动物等生物来说，并没有很直接的可操作的意义，因为动物不会按照物理仪器去测量当下的环境。而生态光学则是立足于生物的立场，以强调知觉①对动物在自然环境中生存与繁衍的重要性，并且以生物本身的自然视角来对光学进行研究。在这里，吉布森对光的概念进行了辨析，并区分出三种模式下光的概念，即作为物理能量的光、作为视觉刺激的光和作为知觉信息的光。而在生态光学中，则重点关注作为知觉信息的光。

相较于物理光学，生态光学还在其他方面表现出明显的差异：

按照光的来源，区分了发光体（如太阳、灯泡、火焰等）与非发光体（如日常工具、矿石、土地等）。所谓发光体，就是它们可以“给予”其他不发光物体以光亮，比如太阳光照在人和动物的身上，其他动物就能看见处于太阳光下的那些人和动物；而那些非发光体，就只能依靠反射或散射来自发光体的光来使动物看见。

按照光的作用，区分了辐射光（如宇宙射线、矿物辐射等）与照明光（即动物可以感知到的可见光）；在物理学中，辐射能量被认为具有波粒二象性，光子可以在物

---

① 但不仅仅限于视知觉，同时触觉、听觉、味觉等也包含在内。

理空间中按照极快的速度直线传播；但是在生态学层面，我们只关注光与动物感知有关的特征，比如光在表面上的散射、吸收和反射等。

按照发光形式，区分了散射光（即由某个光源散射出去的光线）与环绕光（即观察者静止时，他的视觉所在媒介中接收到的来自周围的光）。在物理学中，光子作为一种辐射，会以辐射源为中心向四面八方的空间内散射开，而发光源作为一种辐射源，来自光源的光自然也会以光源为中心向四面八方的空间内散射开；然而，由于非发光体并不发光，那么动物的视觉之所以能看到该物体，是因为获得了那些都指向该物体的环绕光的信息的缘故。而在这种环绕光中，该物体作为中心，四周的环绕光都会指向该物体，这种指向方向恰好与光源的方向相反。因此，环绕光具有一定稳定的结构，但辐射光则没有。

综上所述，我们不难发现，生态光学所研究和关注的重点，就是那种在媒介中经过多次反射的光线，也就是吉布森所谓的“明亮”；而物理光学的研究重点是物质的电磁能量，即原子或光子的辐射。

刺激与刺激信息的区别

根据上一节对光的概念在不同范畴下的区分，我们对生态光学与物理光学的差异有了一些概念上的理解。然而，尽管存在着这样或那样的理论差异，但它们的自然基础是相同的，动物之所以能够看到物体，必然是因为动物眼部中的光感受器受到了可见光的刺激。

让我们再回到前面论述过的那个中国人民大学教二草坪上的雾霾案例里。在这个例子中，雾霾充满了整个地区的媒介中。在雾霾中，实际上我们什么也看不见。在吉布森看来，这是因为，在视网膜中的光感受器被光线激活后，继而视神经产生脉冲，但是光线进入瞳孔时并不使瞳孔聚焦，而且在视网膜上也没有形成图像，到处都是匀质的媒介，所以在观察者周围并没有环绕光出现，眼部视线也毫无目标。

通过实际的感受，我们就可以知道，光感受器被刺激时，视觉并不一定会产生。光线可以刺激视网膜，但是没有带着环境结构信息的环绕光出现，作为视觉器官的眼睛就不会被激活，并能使观察者接受这些刺激信息，看到外部环境。

吉布森还强调，对光感受器所收到的刺激，与视觉系统能接收的刺激信息这两者进行区分，这对研究视知觉来说非常关键。他认为光感受器只是整个视觉系统的一个器官或部分，只能被动接收到基本的光刺激，但这种光刺激不是形成视觉的充分条件，因为这种刺激中并不带有环境结构信息。因此，在雾霾中我们不仅缺少光线刺激，而且还缺少刺激信息的出现，所以有效的视知觉就不会产生。

因此，我们可以说，具有结构基础的环绕光，就可以通过反射或漫射平面来产生出关于环境的信息，但辐射光则不能，因为动物并没有器官可以感知到辐射。然而，如果没有结构，即使存在着环绕光，那么也不能产生出关于环境的具体信息。就像那个雾霾的例子里，周围即使有环绕光刺激了视觉系统的光感受器，但是并没有产生刺激信息能让视觉系统进行接收，然后使动物具有视觉。

那么，什么是吉布森所谓的带有环境结构信息的环绕光？下一部分中将会对生态光学的术语进行逐一解释。

环绕光和环绕光阵列

在生态光学理论的语境下，吉布森提出了几个新的概念术语：环绕光（ambient optic）、环绕光阵列（ambient optic array）、光流（optic flow）和光流阵列（optic flow array）等，并以此用来对环境和动物视觉做出准确的描述。下面，将对这几个生态光学的核心概念进行逐一解释：

所谓环绕光（ambient optic），就是环绕着动物的周围光线。吉布森认为，在自然环境下，动物所受到的眼部刺激，并不能由简单的物理术语“光（light）”来进行解释，而是动物眼部所注视到环绕在它身旁周围的光线。这种光线布满在环境中，并且经过各种表面的漫射和反射而形成。而这种光与物理学中的光概念有着一些明显的差异与联系：首先，辐射光作为光源，产生了对物体照明的效果，而照明的结果，就是产生了物体周围的环绕光；其次，在方向上，辐射光源从一个核心开始散射，而环绕光则聚向一个明确的观察点（即动物所观看的对象）。辐射光源没有方向性，但环绕光有着明确的方向性与指向性；最后，辐射光的存在依赖于光子、原子等物质，但环绕光的存在则依赖于环境、表面等。因此，辐射光本质上就是一种能量（因为在物理学中，物质与能量可以互相转化），而吉布森认为环绕光可以作为一种信息存在。

所谓环绕光阵列（ambient optic array），就是指在当前环境中的由不同的环绕光（即在实物表面上对光线的漫射与反射）所构成的具有差异的结构信息。动物可以处在各个地方，每个地方的光强度都不同，因为所处地方不同，那么从周围各处漫射与反射的环绕光对眼睛的刺激也不同。举例来说，任何一个动物的眼睛，在房间的角落与房间的中心这两个地方所接收的环绕光刺激是完全不一样的，即使头部微小的转动后所接收到的视觉刺激也存在较大差异。在图 3–3[9], 72 中，我们可以看到，同一个人坐下与站起产生了两个观察视角，而通过这种观察视角的移动，产生了两种不同的环绕光刺激，其结构的差异使得每个视角所拥有的视觉范围都不尽相同。

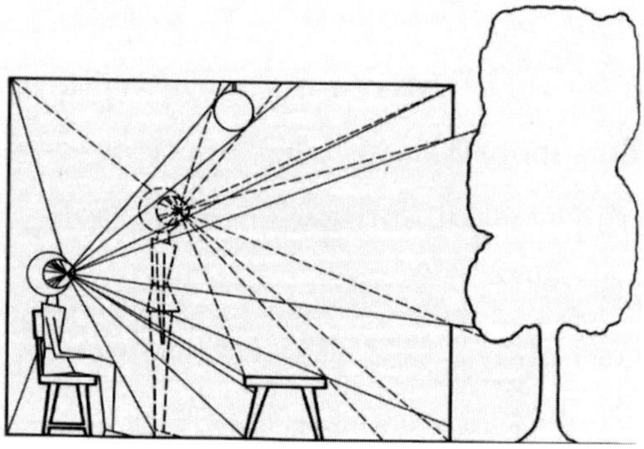

图 3–3　不同视角的环绕光刺激

图 3–3 显示了观察者的眼睛处于不同位置时，所受到的环绕光刺激的不同。因此，不同的位置对所观察到的环境结构信息也存在着较大的差异。而这种具有差异的环境结构信息，被吉布森称为“光阵列（optic array）”，之所以称之为阵列，是因为不同的光强度会组成一个排列（arrangement）。因此，可以说，带有环境结构信息的环绕光，就是环绕光阵列，见图 3–4。

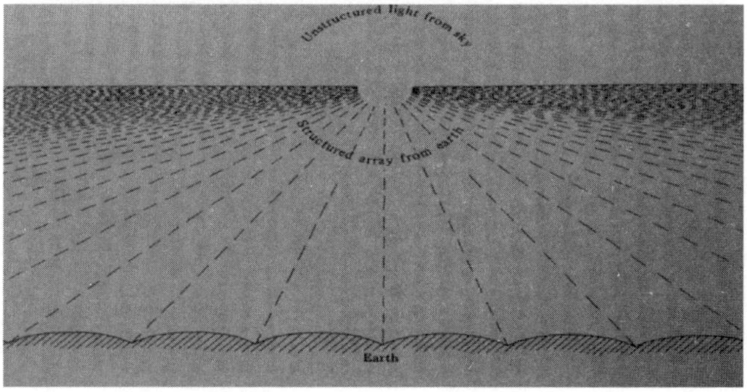

图 3–4　光流阵列的结构

图 3–4 描述了吉布森（1979/1986）所谓的光流阵列。可以看出，地表具有纹理和褶皱，可以对环绕光进行漫反射与反射，因此地表的光流阵列则是具有清晰结构的排列；然而，天空中没有表面的纹理与褶皱，因此天空中的光不是环绕光，这样一来，天空中的光线就是光流阵列，这种光线不具有结构，所以从这种光线中动物根本得不到有用的信息。[9],67

图 3–5 是笔者摄于美国科罗拉多 70 号公路上，驾驶者视角（请忽略车内 GPS 和后视镜等装置）。对照这两幅图，我们很明显可以看出，公路表面具有纹理和表面，因此通过视觉可以直接获得关于路面信息；但是在万里无云的天空中，光线无法漫反射，因此天空中不具有光流阵列结构，所以也看不到任何东西。

图 3–5　光流阵列结构实例

通过天空与地面的对比，我们可以很明显看出，环境的结构信息，才是知觉的基础，正因为如此，我们在那种到处都是匀质光线，并且光强度没有任何差异的天空上看不到任何东西。如果我们能回想起之前提到的充满雾霾的中国人民大学教二草坪，会发现天空跟充满雾霾的草坪一样，在光强度没有任何差异的环境下，其实与完全黑暗的环境是等同的。

接下来，让我们来看看吉布森对光流与光流阵列是如何定义的。

光流与光流阵列

在 20 世纪 40 年代，第二次世界大战硝烟正酣，吉布森受美国空军委托，对飞行员视觉的深空感知能力进行研究。在研究中发现，观察者在静止与移动的情况下，其视觉能力反馈有着巨大的差别，而以前绝大多数知觉理论都建立在观察者处于静止的状态的基础上，因此他需要一种衡量移动知觉的新理论范式来处理这种差异。随后，对移动着的观察者进行测量与研究，就成为吉布森的研究重心。在这个背景下，吉布森创造了对移动知觉进行测量和定义的两个概念：光流与光流阵列。

所谓光流（optic flow），即动物或观察者在相对于周围物体移动的情况下，所看到的环绕光对周围物体的显示模式，而这种光流刺激也对动物移动时的知觉具有非常重要的意义。在图 3–6[9],124 中，我们将会直观地看到移动中视觉所受的这种光流刺激情况。

图 3–6　飞行视觉所受到的光流刺激

图 3–6 中这些长短不一的线条代表了飞行的方向与速度。线段越短，则意味着距离越远，视觉移动越慢。反之，线段越长，则代表此处离飞行员距离越近，速度也越快，因此视觉移动变化也越快。从图中我们可以看出，飞行员的视觉，会受到同时来自天空的云朵与地面纹理等光流刺激。如果对比上节中的环绕光阵概念，我们不难发现，所谓光流其实就是飞行员移动中所看到的环绕光，而光流阵其实就是飞行员移动中所看到的环绕光阵。

吉布森在对飞行员视觉的研究中发现，光流会给飞行员提供一种动态的知觉信息，这些信息包括了飞行员头部与环境中的表面之间的距离、对目标探测的远近和自身移动速度与周围环境的关系等有效信息。

据此，吉布森假设光流中存在着足够的信息，使飞行员可以通过视觉直接获得了一个关于 3D 环境中移动和深度探测的清晰解释。而且，令人可喜的是，数学家如巴伦等人（Barron、Fleet& Beauchemin，1994）、巴彻明等人（Beauchemin& Barron，1995）和福利特等人（Fleet& Weiss，2006）等在研究中已经证明了吉布森这个假说的正确性和合理性，并且提出了一系列对光流的算法，并且已经应用于智能机器人自身运动感知、航空器冲撞时间估测、物体注意度侧重等实际工程领域。这种对现实的极强解释力，就使吉布森关于光流的理论假说成为了实际的可能。

举个简单的例子，让我们设想一下自己正在高速公路上驾驶汽车前行。如果对面反向路面上有一辆汽车驶来，你会觉得这辆汽车离你越近，速度就越快，这是因为在这个时候光流的速度将是平时的两倍，而且这种高速的光流比高速路上的其他光流（比如护栏或路面上的光流）更会引起你的注意，由于动物的视觉机制总会关注身旁速度高的目标，所以一般人会从这种两倍的光流中，直接获取意义，即“危险”，而在下一章的冲撞实验中，则会更加详细地说明这一点。

接下来，我们来解释光流阵列（optic flow array）这个概念。有了光流概念这个基础，那么类比环绕光与环绕光阵列的关系，理解光流阵列这个概念就非常容易了。对于静止观察者，他所看到的就是环绕光和环绕光阵列；而对于运动中的观察者，他所看到的就是环绕光的流动与环绕光阵的流动，即光流与光流阵列。通过图 3–7[9],123（吉布森将这幅图印在了他人生最后一部著作的封面，足见其重要性），我们可以很明晰地看出一个动物所感知到的环绕光流阵列，换句话说，就是运动中看到的带有环境结构信息的环绕光流。与此同时，我们也不难得出，在环境中，观察点如果不同的话，无论这个观察点在运动还是静止，它们所处的环绕光阵列与光流阵列都是不同的，因此在环境中不存在能看两种不同环绕光阵列和光流阵列的观察点，每个观察点都是唯一的。

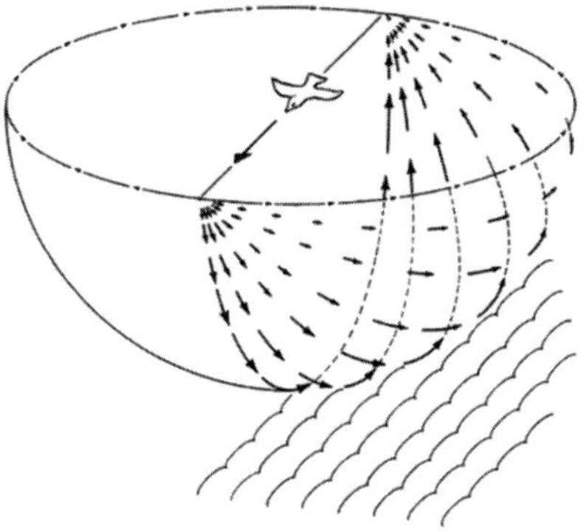

图 3-7　一只鸟的环绕光阵列矢量图

图3-7显示了一只鸟在做平行于地面的飞翔时，它在环绕光流阵列中所处的位置。半球体下面的褶皱代表了地面的纹理等，而向量箭头则代表了光流的角速度。从图3-7中可以看出，这只鸟的眼睛处于环绕光流阵列组成的球体的中心，这只鸟的飞行方向和知觉的关注中心点就是前方，因此这只鸟的视觉可以准确无误地对当下环境的表面进行感知，并从光流阵列中直接获取具有意义的信息，从而引导其进行正常安全的飞行。而这种有意义的信息，就是不断变化的动态刺激流中持久与恒定的环境布局，而该鸟就会通过知觉对这些环境布局的恒定模式进行直接地拾取，即对之前文中提到的“不变性（invariant）”（即环境结构与布局）的直接拾取。

结合前面我们对两个不同的信息概念的区分，我们应该可以接受这一点，即生态光学中的信息并不同于我们传统认识上的信息概念，而带有这种结构信息的环绕光，就可以直接为我们的知觉系统所接收，而且足以使人类与动物去直接地感知环境中的对象，不需要心理表征这个理论假设的心理符号作为知觉活动的中介。

那么，这种可以直接获取外部环境信息的直接知觉是否可能？这种理论假说是否可以经得起实验的检验呢？在下一节中，将会通过对空间知觉、大小知觉等方面的实验结果，对吉布森的直接知觉理论提供支持的证据。

直接知觉为何的确存在

在吉布森看来，直接知觉与间接知觉最大的区别就是，对外部环境的直接知觉并不需要中介物在知觉过程中进行活动，比如心理表征、心理图像等这样的理论假设符号。所谓直接知觉，就是从环绕光阵列中得到信息的过程。这个活动过程，被吉布森称之为对环境信息的直接“拾取（pick up）”。

间接知觉论的理论假设，是知觉需要中介的。但是这样一来，知觉的形成是否合理就值得质疑。假设你对一把椅子产生了视知觉。按照间接知觉论的话，那么你的知觉之所以能够产生，是因为你在心里产生了一个对椅子的心理表征，这个表征的内容与实际的椅子在某些方面存在着同一性，那么你就知觉到了这把椅子。我们可以用命题表示出这种过程：

a. 你看见了一把椅子，也就是说，你对这把椅子产生了视知觉；

b. 这个知觉的产生，依赖于在你的心中有一个关于椅子的心理表征；

c. 这个心理表征之所以能够存在，依赖于关于一个真实的椅子的知识，否则这个心理表征就是臆想，而不具有合理性；

d. 如果你具有关于一个真实的椅子的知识，那么这种知识的来源必定来自你的知觉。

然而，这里存在着问题。在这个典型的心理表征理论解释中：

根据 b，我们知道，知觉的产生依赖于中介（即关于椅子的心理表征）。

但是根据 c，我们知道，这种知识则又依赖于对具有真实的椅子的知觉才能形成，否则关于椅子的心理表征就是毫无根据的臆想。

再根据 b 和 d，知觉依赖于表征，而这种表征的内容（即关于真实椅子的知识）

又依赖于你的知觉。这样一来，我们就不难看出，在表征知识的来源与知觉的形成之间，就形成了一种循环论证。

面对这种循环论证，我们应该如何解决？吉布森的看法是放弃这种模式，而采取视觉是直接的这种生态心理学立场。那么，这种直接知觉的模式是否具有解释力？是否具有强有力的证据来支持呢？

随后，为了对其直接知觉立场的支持与确证，吉布森就开始了一项对深空知觉的实验。在“二战”期间，吉布森受美国空军委托，来对飞行员在航行时对空间的感知能力进行训练与研究。

在传统的知觉理论看来，视网膜受到光学刺激后产生的图像是二维的，但物理空间是三维的，然而人与动物在观看某个物理对象时所得到的就只能是二维信息，这样一来，关于立体的空间深度信息就被忽略了。因此，在对飞行员实际的训练中，就必须使用一些比如颜色、线条、纹理等关于深空的线索来对飞行员的视觉进行提示。但是这种提示的实际应用效果并不好，吉布森发现很多飞行学员在这些提示下还是没有产生真正的三维视觉，所以在飞行时也无法依赖深空线索来获取三维信息。所以，吉布森放弃了通过深空线索来获取三维视觉这样的思路，认为“三维空间”这个数学概念，其实与物理意义上的“时间”一样，都是纯粹的数学抽象，人和动物对深空与时间的测量完全不是这种模式，因此这样的数学概念对于知觉的贡献几乎为零。

如之前我们所讨论过的，在生态心理学家看来，所谓物理学的时间就是从环境布局改变、实物本身改变、环境中某事件发生和自身移动等事件改变中抽象出来的，而人与动物对时间的感知，则是通过对上述事件的改变实实在在地经验中体会出来的。而动物对深空的感知，同样如此，吉布森认为人和动物在与实际的环境产生交互时，其视觉系统所看到的都是环境的表面、实物的表面和媒介的表面等，所以其视知觉其实就是对各种外在的表面上的环绕光阵列进行知觉，而这些环绕光阵列的结构信息中本身就已经包含了目标对象的全部三维信息，因此传统知觉进路中那种单独对某物体或空间深度的知觉其实根本就不存在。

为了证实这个设想，吉布森等（1955）在关于空间知觉的论文中设计了一个光学“伪通道（pseudotunnel）”。在实验中，吉布森等人使用了固定数量的塑料薄片，分黑白两色，每片中间都开了一个柱状的圆孔，如图 3–8 所示。[20]

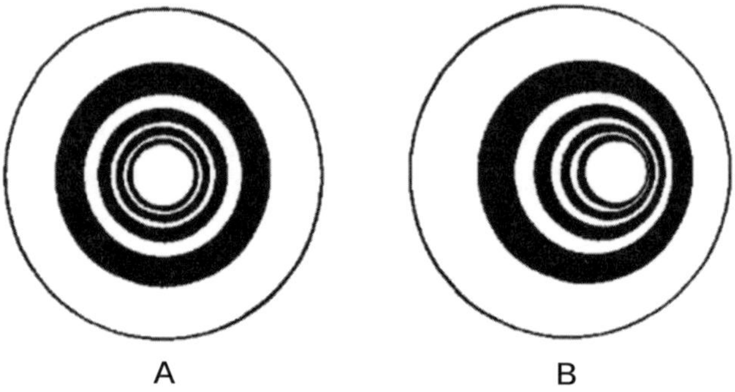

图 3–8　9个薄片交叉对比

通过读图，我们可以看出左边的通道方向在中心，而右边的阵列则看起来通道的中心在右边。在几组实验中，这些塑料薄片以不同的数量叠加在一起，最多 36 片，最少 7 片。吉布森称其为“光学通道（optic tunnel）”，其纵向如图 3–9[20]所示。这些表面组成的通道并不是实物性质的，而是由光线进入眼睛后所造成的通道式视觉，即这个通道是可视的，但并非真实的。实验的目的，就是为了提供被试者通过观看这些塑料薄片的组合，而不依赖于其他知觉信息，就可以直接产生观看通道的视觉，从而验证环绕光阵列的结构信息本身就包含了三维信息，而观察者可以不借助任何深空线索就能直接知觉到。

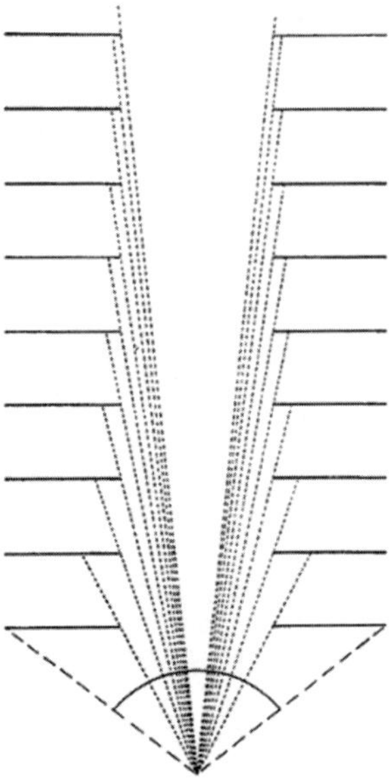

图 3–9　光学伪通道的纵向视角

图 3–9 表示了 9 个对比鲜明的薄片被投射进观察者的一个眼睛中的矢量图。从图中我们可以看出，视线的角度越靠中心，薄片上的光学阵列就越紧密。而在实验中，被试者不知道他们所要观看的东西是二维的塑料片还是三维的通道。因此，被试者会在一个隔开的环境下往孔里看这些塑料薄片，而通过几组实验，吉布森等人得出了如下实验结果：

a. 当实验所用的塑料薄片全部为黑色或白色时，观察者报告看不到任何东西，也就是说，不具有深空的知觉；

b. 当实验所用的塑料薄片为黑白交替出现时，所有观察者均报告看到了一个有连续感的通道，而没有观察者报告看到了塑料片上中间孔径的边缘区域；

c. 当使用全部 36 个塑料薄片黑白交替出现时，所有观察者均报告看到了有连续感的通道；而当实验材料减少为 19 个时，有三分之二的观察者报告看到了有连续感的通道；最后，当实验材料进一步减少到 7 个时，仅有三分之一的观察者报告看到了有连续感的通道。

根据这三个实验结果，我们其实不难看出，在 a 条件下，其实观察者并不会产生具有深空的知觉；而在 b 条件下，观察者根据光学阵列的紧密度这样的结构信息，就能产生具有深空的知觉；而 c 条件下的实验结果则说明，光学阵列的结构信息越少，就越难以产生具有深空的知觉。

根据这些实验结论，吉布森认为该实验验证了他的直接知觉理论，即在现实环境下，任何实物的表面都会有一定的纹理、质地，而表面上的这些纹理其实就包含了该环境下实物的结构信息，观察者对该实物的视知觉，其实就是对该实物表面纹理上所具有的结构信息的直接获取，而观察者从这些光阵列中所直接获取的信息，实际上就是关于视觉距离的信息。

综上所述，在塑料薄片全部为同一颜色时，光学阵列中就缺少了纹理的结构信息，所以观察者报告说什么也看不到，或者看到前面就是一团光亮的雾[①]；而黑白交替出现时，观察者的眼中就形成了具有纹理差异的结构信息，而这些结构信息就使观察者以为他看到了一个通道。当然，我们知道，这个通道其实是不存在的，而这些平面的薄片的光学阵列由于具有结构信息，所以使观察者具有了三维的视觉感。因此，对视知觉而言，光学阵列中不同的密度线就显得非常重要。我们知道，表面就是媒介与实物之间的界面，因此，至少要有实物存在，表面才能够存在。这是由于光学阵列的结构信息只能在实物的表面上才可能形成。

随后，埃琳诺·吉布森等人（E. J. Gibson & Walker，1960）也设计了一个有趣的实验，并以其良好的实验结果给直接知觉的可能性提供了强有力的直接证据，这个实验就是著名的“视崖（visual cliff）”实验。传统知觉理论认为，婴儿或幼儿对

① 其实这个很容易想象，我们在生活中也会常常遇见。比如当我们面对一扇完全透明的玻璃门或玻璃窗时，有时候我们完全看不见这个玻璃窗或玻璃门的存在，而会直接撞上去，这就是由于玻璃完全透明，缺少纹理的光学阵列结构信息所致，所以很多玻璃门上都会贴上一些鲜艳的横条或其他提示物来使其产生光学阵列的结构信息。

跌落的学习，是通过经验来完成的，比如他自己从床上摔下来等。但埃琳诺·吉布森等认为，根据直接知觉理论的立场，婴儿应该与生俱来就有能力直接知觉到平面边缘，并且通过这种知觉可以避免自己从高处跌落。这个实验就是为了证明，婴儿或动物幼体是否具有这种对当下环境的直接知觉。

研究者根据上述的理论诉求，设计了一个特殊的桌子，高度为 1.2 米，桌面具有红白格纹理的图案，该图案在另一半垂直下降到地面。桌子上面是一块透明的玻璃贯穿整个桌面，而桌子中间有隆起宽度为 0.3 米的小坡，区分了高度有差异的两个平面，这种可以产生视觉上的深度落差的装置，被埃琳诺·吉布森等命名为“视崖”，如图 3–10 所示。

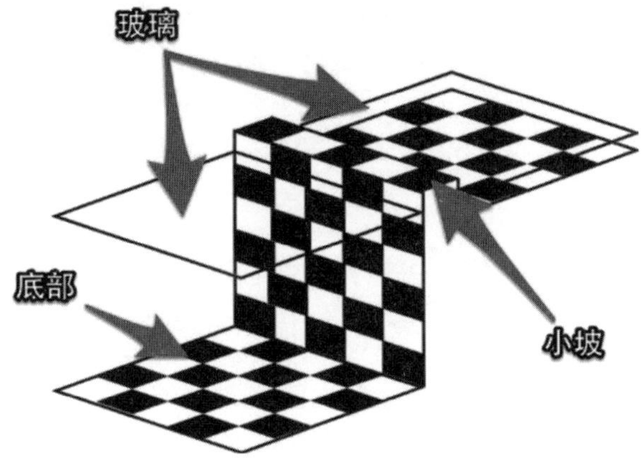

图 3–10　视崖实验概念图

根据这个装置，研究者选取了 36 名年龄范围在 1~6 个月左右的婴儿。在实验中，每个婴儿和小动物都被放到视崖装置中间隆起的小坡上，然后观察他们或它们能否区别右边是安全地带，而左边则是可以摔落下去的“悬崖”。

首先，在婴儿组方面，研究者让母亲站在悬崖一侧，并且呼唤婴儿的名字，以此来引诱婴儿朝对面爬去，如图 3-11 所示。[21]

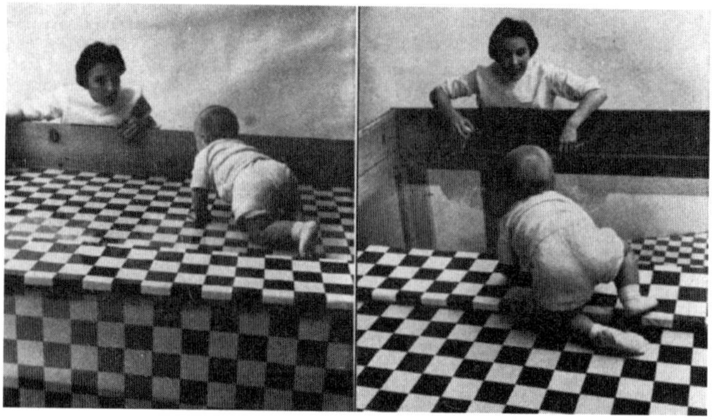

图 3-11 视崖实验现场

在实验开始的时候，先把孩子放在这个装置中间隆起的小坡上作为初始条件。而实验过程分三部分：

首先，研究者先让母亲在桌面一侧叫孩子过来。毫无例外的是，参加测验的所有婴儿爬下了中间的小坡，并且穿过表面的玻璃与母亲的怀抱相会。如图 3-11 中左图的情况所示的情况。

其次，研究者让母亲在这个装置深空的侧面一边叫孩子过来时，实验结果显示只有 3 名婴儿以极为犹豫不决的态度爬过视崖的边缘，而且婴儿很不情愿过远地离开靠近中间隆起的那个小坡。

最后，研究者让母亲在这个装置深空的对面再一次叫孩子过来时，绝大多数婴儿拒绝母亲的召唤爬过深坑，并且远离母亲的位置，朝相反的方向爬去。而且，有些婴儿因为没法穿过深坑上的玻璃爬到母亲那里去而大哭。

通过这样的实验结果，研究者得出还未被社会化的婴儿通过自己的视知觉，就可以对所看到的环境内光学阵列结构信息直接拾取行为，从而引导自己做出合适的安全的行动。并且，为了使这个结论更加可靠，研究者还对各种幼年小动物如小鸡、小海龟、小猫、小狗和小绵羊等进行了测验。

这些被试的小鸡，都是出生后没过 24 小时的初生小鸡，但当实验者把它们一一放到小坡后，它们很快就用视觉探测到左边的深坑，并且无一例外都跑向右边较浅的一侧；接着，当研究者将被试换成小羊羔（出生仅 1 天）时，情况依然如此；再换成其他小动物后，结果显示 95%~100% 的小动物都会选择走向右侧的较浅区域。

这些实验结果再一次证明，关于动物深空的知觉是直接的，动物幼体尚不具备任何习得经验，但是在实验中它们都对处在悬崖的边缘位置而产生反应行动，即全部朝向右边区域走去，而这在吉布森看来，其实是动物们（包括婴儿）都根据当下环绕光阵列，直接获取了环境表面的结构信息，即悬崖是有着高度差的，这样的高度差提供给了它们“可跌落的”这样一种行动的可能性，而悬崖的另一边则是安全且能对它们的身体提供“可支撑”的平面，是安全的。因此，是这些直接获取的环境结构信息，提供给了动物以行动的可能性，以使其在适当的环境里做出适当的行动。所以，按照吉布森的直接知觉论，动物对外部环境的知觉，其实就是动物对外界环境做出探测，并且根据探测到的环境对动物本身所提供的行动可能性，来对合适的目标采取合适的行动。而这种行动的可能性，被吉布森称之为功能可见性信息。

功能可见性的六个本质特征

在吉布森（1979）的著作《视知觉的生态学进路研究》中，他用了整整一章的篇幅来阐述他的功能可见性理论。同时，这个理论也塑造了现在当前各个领域（哲学、心理学、神经科学、工业设计、人机交互和人工智能等）许多对功能可见性（Affordance）

进行知觉研究的基础。在这一章中，有些论述类似于吉布森（1966）中的文字，但更为清晰，这使得这一章较之吉布森之前的工作，有着比较明显的区分。在书中，他是如此描述功能可见性的：

“一个具体环境的功能可见性，就是它所提供、供给、供养（offers，provides or furnishes）给动物的东西，有时是好的，有时是坏的。动词‘承担（afford）’可以在词典中找到，但名词‘Affordance’却在词典中找不到。这个词是我创造的。在我看来，它是这样的一种东西，它在某种程度上涉及环境与动物两方面，并且现在还没有现存的术语来对其进行说明。它意味着动物与环境之间存在着互补性。”[22],127

那么，吉布森的这段话到底在说些什么呢？在我看来，主要有两层意思：

第一，传统的心理学认为，我们是通过辨别客体对象的属性或特质来感知事物。而 吉布森认为，“当我们看到物体时，我们所感知到的其实是它们的功能可见性，而不是所谓的特质之类的东西”。[22],134 这是他直接知觉论的体现。但是，到底是环境中的什么东西承载着功能可见性并且使其被有机体感知到呢？通过之前的分析，我们知道，是在环境表面进行漫射与反射的环绕光阵列与光流阵列里面蕴含着关于环境的结构信息，而这些信息能够被动物的知觉系统直接拾取，并引导动物进行合适的行动。而这种提供给动物行动可能性的结构信息，就是功能可见性信息。

第二，所谓环境的功能可见性，就是某个具体的环境给予在此环境中生存的有机体所提供的东西，粗略地可分为两种，即消极的功能可见性（对有机体的生存产生威胁）与积极的功能可见性（有利于有机体生存）。吉布森有时用一种语言学式的建构来指涉功能可见性，即“可（某具体动词）……的（verb-able）”。举例来说：

一个平面，如悬崖边缘→［承担（Affords）→“可坠落的（fall-off-able）”］功能可见性信息，可参见埃琳诺·吉布森的视崖实验（1960）；

一个物理实体，如苹果→［承担（Affords）→“可吃的（eat-able）”］功能可见性信息；

一个物理事件，如燃烧着的火焰→［承担（Affords）→“可煮饭的（cook-with-able）”］功能可见性信息。

吉布森（1979）还区别了动物的栖息地与居所这两个概念。所谓栖息地，这个概念表明了动物生存的具体区域，而居所既表明了动物的具体生存区域，又指明了动物在栖息地里如何生存的具体行动可能性。吉布森也清晰地指出“一个居所就是很多功能可见性的集合”。[22],128

接着，我们再来看看下面一段话：

“物体可被描述为具有属性或性质的：颜色、纹理、组成、规格、形状和形状特征、弹性、硬度和可移动性。正统的心理学认为，我们感知这些物体，不过是在分辨它们属性或性质的意义上来感知它们。心理学家在实验室里通过完成一些讲究的实验来探明这些性质被如何分辨，并且被如何高效地分辨出来而已。这些心理学家假设物体都是由它们的性质组成。但我现在认为，在我们观察物体时，我们所感知之物其实不是它们的性质，而是它们的功能可见性。我们可以通过实验来区分这些不同的维度，但物体所提供给我们之物，其实就是我们平常所注意到的那些东西。一个物体能被分析出来的那些性质的具体组合，平常其实不会被注意的东西。”[22],134

在这段话中，吉布森（1979）自引了吉布森（1966）的观点，即当一个物体的属性被感知到时，那么某人肯定能探测到该物体的功能可见性。因此，我们可以看出在他写这两本书时，他的思想有了一些比较明显的改进。

那么，如果上述的推断成立的话，那么我们同样也有理由认为，当吉布森（1979）写出这本著作《视知觉的生态学进路研究》时，他关于功能可见性的理论，其实也在一直进化着，这个概念并没有最终成型。在书中他仍然在考虑如何将功能可见性这个新概念的关键点更为精确地表述出来。比如，在书中他从来没全部解释感知与动物相关的事物到底是什么具体事物，诸如此类，不一而足。

而在笔者看来，正是这个尚未完成的理论和概念，给了后来的学者极大的发展空间，并且在很多领域都进行了合适的发扬与改进，由此使得这个尚未完成的理论更有生命力。

其实，从吉布森对功能可见性概念中我们不难看出，他的目的就是想对有机体与其所处环境之间的互补性做出精确的描述。而对吉布森来说，有机体就是其所生存的环境中的感知者与行动者；并且，吉布森更强调环境与有机体是一个互相密不可分的搭档，对任何一方的理解，都不能在孤立另一方的基础上进行。既然如此，那么对于功能可见性的本体论地位又该如何理解？即功能可见性是否能成为一种物理的存在？吉布森给出了一个对功能可见性的本体论状态的描述：

"关于环境的功能可见性的描述，其中重要一点在于，它们在某种程度上是客观的、真实的和物理可感知的，它与价值和意义这些概念不同，后者被我们常常认为是主观的、现象式的和心理的。但是，实际上功能可见性既不是客观的属性，亦非主观的属性；或者你如果喜欢的话，也可以把它看成是既主观又客观的。功能可见性打断了主客二分，并帮助我们去理解这种主客二分的不足。"[22],129

根据吉布森的这种描述，使得功能可见性给我们的印象似乎是一种鬼魂般飘忽不定的实体，而以科学的严肃与理性为圭臬的分析哲学家或逻辑学家的本体论理论体系中，断然不能将功能可见性这种极其模糊的概念容纳其中。因此，如果要说服科学家们或进行逻辑分析的哲学家们接受功能可见性的本体论地位，必须对功能可见性进行更为精确的定义和形式化的描述。

在笔者看来，如果要对功能可见性进行更为精确的形式化描述，那么则需要两个条件：第一，我们具有一个对功能可见性的精确定义；然后，根据这个定义，寻找一个适合形式化这个定义的数理工具来对其进行形式化工作。

因此，在定义之前，我们首先要对功能可见性的特征进行一些归纳和总结，以便能够根据这些具体的特征进行定义。那么，根据吉布森对功能可见性这个概念的理论分析，我们可以总结出功能可见性这个概念存在以下六个本质特征：

a. 生态性。吉布森认为，世界具有多重的层次结构，而对人类与动物行为的研究，就应该在一个合适的层级上进行，即生态学层级。对一个物种来说，生态学层级就是对该物种的持续生存具有重要影响的事件与物体总和。而且，吉布森的以生态进路来研究知觉的关注焦点就在于自然的、无拘束的视觉，针对这一特征，生态研究进路就不能以对眼睛的解剖学与生理学这种物理学的方法来进行。因此，作为生态心理学理论中核心的功能可见性概念，也必须由生态学术语进行描述。与物理世界不同，动物总是在环境里直接获取功能可见性信息，并且根据其能力在居所里进行合适的活动，而动物的居所就是环境提供给动物的功能可见性的信息集合。因此，对功能可见性的描述就需要生态式的术语来描述，而居所就是一种生态学式的时空观。

b. 关系性。功能可见性的存在会牵涉两个或更多对象之间的交互作用，因此这种关系性其实是吉布森生态心理学理论中的核心概念，它既是一个环境的事实，又是一个行为的事实。根据吉布森（1979/1986），功能可见性这个概念同时指向观察者与当下场景，即可以将动物与环境连接在一起，功能可见性的本质也意味着它是一种关系性概念。而且，吉布森认为功能可见性的存在并不依赖于观察者，这种动物——环境之间的关系就是一种非对称的依赖关系（asymmetric interdependence），即环境比动物更重要。

c. 直接性。吉布森是一个实在论者。功能可见性具有一种关系属性，但不意味着就是一个实实在在的物理事实。吉布森认为，“根据观察者的需要，他可能、或者不能感知或注意到功能可见性，但作为一种可以被感知到的不变物（invariants），功能可见性总是存在着。”[9],139 观察者通过知觉系统可以直接感知到环境中的功能可见性信息，即对环境中的环绕光阵列与光流阵列结构信息的直接拾取。这是区别吉布森的直接知觉论与其他知觉理论不同的最根本的特征。吉布森认为间接知觉论是一种不成功的做法，并且认为“存在着一个简单的方法，来解释为什么事物的价值可以被直接感知到。这是因为，对于观察者来说，事物的功能可见性可以通过刺激信息来获得。它们看起来可以被直接感知到，因为它们本来就可以被直接感知到。”[9],139-140

d. 随机性。在某个具体的环境下，功能可见性会提供给动物以行动的可能性。但是，这种可能性仅限于适合动物能力与具体环境情况的行动集合，因此功能可见性并不是随机的、任意的行动可能性，而且基于一定具体条件和范围内的行动可能性。

e. 独立性。由于功能可见性是环境提供给感知者的行动可能性，因此即便感知者不存在，那该环境中的功能可见性信息依然存在。这个是生态心理学最为激进的假设。吉布森（1979）认为，“很有可能，表面的布局与成分就构成了表面所要提供的东西。如果这样的话，那么如果去感知这些表面，就是去感知它们所提供的东西。这是一个激进的假说，因为这意味着，环境中事物的‘价值’和‘意义’可以被直接感知到”。[9],127 同时，这也意味着一个推论，即意义可以以功能可见性的身份独立于感知者而存在。感知者通过对环境的检测，可以直接感知到有关功能可见性的信息。

f. 并发性。由于环境中有多个功能可见性信息，那么当某个动物感知环境时，就会同时知觉到多个功能可见性，也就是有多个行动可能性。但是动物不可能在某个时刻同时拾取这些功能可见性信息，因此在这些功能可见性信息之间会产生冲突，所以动物会在这些功能可见性信息中根据当时具体目的进行选取。

如果我们要对功能可见性进行精确的定义，就必须在定义中囊括这些，否则就不是一个比较全面的功能可见性定义。基于以上的特征，会在下一章中着重描述吉布森之后的认知科学与心理学家们对功能可见性的各种定义，并讨论这些理论的优势与不足，并为最后关于功能可见性的定义提供足够的理论背景与基础。

第四章

功能可见性概念引起的哲学冲突

直接知觉与间接知觉

目前，主流的知觉理论主要有两种：第一种是间接知觉理论（Indirect Perception Theory），其支持者就被称为“建构论者（constructivist）”，支持者主要有帕皮纽（Papineau，1987）[23]、福多（Fodor，1989）[24]、派恩夏利（Pylyshyn，1984）[25]、米利肯（Millikan，1984）[26]、德雷斯基（Drestke，1995）[27]和金在权（Kim，1998）[28]等，他们主张知觉是对心理表征等符号进行操作的心理推理过程，并将意义赋予外在对象。因此，知觉是一个建构的过程，其中的感觉信息被心理过程（mental process）组合起来进行一些推理处理，然后构成知觉。在这种哲学范式下，心灵被当作一台计算机，而心理意向活动就是心理表征（mental representation）的操作与计算的过程，其中最典型的理论便是福多的心灵计算理论（Computation Theory of Mind，CTM）。

然而，在当前涉身认知的趋势下，心灵的计算表征模型所具有的局限性与缺陷越来越受到关注，心理表征理论本身的理论难题，比如错误表征、不确定性和孪生地球问题等通过自身理论至今还没有得到令人满意的解决。因此，在认知科学的新范式中产生了一批反表征主义的理论，最著名的莫过于吉布森的生态心理学理论。在这个理论框架下，就产生了知觉理论的第二种道路，即直接知觉理论（Direct Perception Theory），或者被称之为“生态观的（ecological）”理论或“吉布森主义（Gibsonian）”理论。吉布森（1979）认为，“直接知觉的生态学理论……意味着一个通常意义上的认知新理论”。[22]，263

本章的研究目标，就在于通过对这种认知科学范式更新换代的趋势进行阐释与描述，显示出吉布森的直接知觉理论——特别是其中的功能可见性概念——在这种哲学范式激烈冲突下所扮演的角色，它的重要作用体现在以下三个方面。

首先，功能可见性概念强调身体性（embodiment）的直接认知。直接知觉理论认为，动物与周围的外部世界之间存在着直接的连接，比如，环境提供给动物全部必要的信息，而动物与环境中间，并不存在类似于心理表征、心理图像等假设出来的抽象媒介物。进一步说，在直接知觉理论者看来，动物一般都会具有相当完美的知觉系统，行动主体可以凭借其知觉系统直接从环境中“拾取（pick up）”其所需的相关具有意义的各种信息。因此，基于这个立场，动物或人的认知行为并非全都是那种经过心理推理的抽象行为，而是一种涉身的认知，恰巧功能可见性这个概念就能非常合适地说明和解释这种涉身性的认知行为。

其次，功能可见性概念具有反叛二元论的特征。吉布森主义者认为，知觉本身就是行动，这两者共同决定了动物与当下环境的成功交互，知觉与行动、动物与环境之间是一种紧密的耦合关系，无法分离看待与处理。而且吉布森（1979）也指出，功能可见性概念既不是主观的，也不是客观的，这个术语意味着主观与客观、动物与环境的共生与互补。实际上，在对间接知觉理论批判的过程中，功能可见性概念一直是吉布森主义者用来进行反驳间接知觉论的最有力武器。

最后，功能可见性概念存在，使得一些坚定的传统心灵哲学家比如马尔（Marr）、福多、埃文斯（Evans）、德雷斯基、特别是米利肯哲学家等的理论立场产生了动摇和转变，并在其后的哲学工作中提出了一些接近于直接知觉理论里的表征理论。而这些表征理论都具有一个共同的特征，就是心灵表征的作用在不断缩小，并且都强调表征的存在就是为了引导感知者做出正确和成功的行动。通过那些哲学家的研究论述来看，这种理论趋势出现，就在于他们均在不同程度上受到了功能可见性概念的启发和影响。

间接论者对吉布森的质疑与反驳

在吉布森（1979）的观点发表后，随之有大量的理论与实验证据如沃伦（1984）、特维（1992）等，都证实了吉布森直接知觉论的有效性与强大的解释力。而且，功能可见性概念也被研究者不断地进行具有创造性的解读与充实。但是，像任何一个新生的伟大理论一样，在对功能可见性理论的持续研究中，也同样有这两方面的论争：即越来越多支持功能可见性的实验证据的出现，与哲学各种进路的理论批判不断交锋。在这个不断对话与交锋的过程中，福多和派恩夏利以“视知觉如何是直接的？”这样一个质问，开始对吉布森的直接知觉理论和功能可见性概念做出了最为激烈的反驳。

反驳的主要思路

福多和派恩夏利（1981）认为，对心灵的建构理论（即将心理活动过程作为信息处理的理论）认为，知觉依赖于推理（inference）。由于推理也是一个心理活动进程，那么推理就作为信息处理的一部分或一个模块而存在。那么按照这个思路，心理的推理机制的本质，就是一种在知觉与记忆之间内在连接的心理表征传输活动，所以相关的知觉也可以当作一种计算过程来进行处理。

相较于上述正统的建构论观点，福多和派恩夏利认为吉布森的功能可见性理论是“离谱的（outrageous）”。很明显这个词的程度，对吉布森的理论来说，是一种相当严重的贬低。为什么吉布森的理论能使福多和派恩夏利如此生气？其原因就在于，在福多和派恩夏利看来，吉布森的立场完全拒斥正统的建构理论。实际上，吉布森并不承认“心理进程处理（mental processing）这样的理论假设是合理的，对解释我们与世界之间的知觉关系来说，根本就是多余的”[29], 139。换句话说，在吉布森那里，类似心理表征这样的计算符号就根本无用，而且还使我们在对动物与环境之间的交互活动进行解释的这件事情上，平白多了一层冗余的认知处理活动。

因此，在吉布森看来，如果我们对这种交互活动能用一种恰当的术语和方式来描述的话，就可以有效减少这种认知负担。于是，吉布森就创立了直接知觉的策略，即视觉是直接的，我们看到某事物，实际上就是在对周围环境的光线中所能看到的、已经存在着的信息的拾取与选择。

对于功能可见性理论的重述，福多和派恩夏利又简单地（他们称之为“更精确地”）按照心理表征理论那套方法，将其描述成为这样：

“对于任一物体或事件 x，都存在着某个或某些属性 P，而要获得对于 x 的知觉，那么对 P 进行直接拾取就足够充分了……所谓‘直接’的意思就是面对事实，没有中介……根据吉布森，知觉并不是由记忆、推理或其他使用心理表征的其他心理学过程。”[29]，140

按照福多和派恩夏利的心理表征理论，心灵是一种信息处理过程机制这样的理论，受到成熟的计算技术影响数十年，其理论及模型也在日趋完善与成熟的过程中。而在这个时候，吉布森却声称这种研究进路是不恰当的，因此不能精确地描述知觉和心灵。于是，吉布森提出了一种与建构论全然不同的心灵理论，即直接实在论。而这种理论在福多和派恩夏利看来，只不过是一种臆想。因此，福多和派恩夏利对吉布森理论进行反驳论证的主要路径，大致有以下三个方面。

首先，直接知觉问题。福多和派恩夏利对“直接知觉”这个概念进行了反驳，他们怀疑直接知觉是否真实存在。我们知道，直接知觉这个概念处于吉布森理论中核心；然而福多和派恩夏利认为，“直接知觉”这个概念并没有什么清晰的理论范畴和界限。基于对“直接知觉”概念的质疑，福多和派恩夏利继而认为吉布森理论中的“拾取（pick up）”“不变物（invariant）”等概念的合理性也因此变得不可靠。

其次，福多和派恩夏利认为，吉布森生态式的认知心理学理论，并不能合理地解释错觉现象。然而，错觉现象却在表征理论中能够得到较好的解释。据此，福多和派恩夏利认为，吉布森的生态心理学理论对建构论所倡导的心灵表征理论而言，并不具有任何的理论解释优势。

最后，意向性的自然基础问题。意向性能否被吉布森的生态心理学消解掉？在福多和派恩夏利看来，实际上并不存在一个没有表征参与进来的意向性理论。换句话说，只要存在意向性这个论题，就一定会有表征参与进来。并且，福多和派恩夏利质问吉布森，构建一个完全不需要心理表征的认知心理学理论，这件事是否可能？

下一部分，笔者将详细考察和总结福多和派恩夏利对吉布森理论的这三个主要反驳，并对特维等人（1981）对福多和派恩夏利的反驳进行详细的论述，使得我们可以看到在与间接知觉理论正面的交锋中，直接知觉理论有着怎样的理论优势。

反驳的主要内容

在本节中，我们将对福多和派恩夏利（1981）对吉布森理论所提出的五个具体反驳和质疑，进行详细的分析与讨论。

直接知觉的基础是否存在

在吉布森的理论中，动物可以对外部信息进行“直接拾取（direct pickup）”和居所中具有一些“不变的（invariant）”[①]信息。福多和派恩夏利认为，“直接拾取”和“不变”的这是两个非常重要的核心概念，它们保证了动物可以进行正确的行动，因此这两个术语的存在是动物行动的基础。并且，如果这两个概念受到合理的限制和约束的话，那么直接知觉也未必是件不可能的事。[②]

但与此同时，福多和派恩夏利也认为，如果没有对这两个概念加以适当约束的话，那么吉布森对知觉的理论解释就是空洞的，其中就没有什么有价值的东西。很明显，如果任何一种属性都可被当作一种不变物，并且任何心理处理进程都可被当作对一种

---

① 对于“不变的”这一术语，吉布森（1979）中也承认这是一个还需澄清的概念，它尚未在书中被严格的定义。但大致来讲，“不变的”就是指支持动物生存的生态环境所应该具有的一种稳定性。在一定的时间里，环境不会产生剧烈的变动，其中所承载的 Affordance 信息相对稳定，并且适合某些特定动物种群的生存与繁衍。举例来说，小溪中的石头不断在被水流侵蚀，但小溪中的鱼儿和其他水生生物并不会被这种蚀化所影响，因此水中的鹅卵石对它们来说就是一种“不变的”的环境，因为这种蚀化速度动物根本感受不到。但是一些变动剧烈的环境，比如火山口、外太空等，由于温度变化十分剧烈，就不适宜于生物的生存，因此不能称其为生态环境。

② 在这个意义上，福多和派恩夏利其实间接地承认了直接知觉的存在合理性。

不变物的直接拾取的话，那么，这种对不变物进行拾取的知觉识别模式，将会把一切都囊括进来。然而，根据福多和派恩夏利的考察，他们认为吉布森的理论中实际上并没有一个进行约束并且实施行动的实际方式。这样一来，由于这种约束规范的缺乏，就会导致吉布森所声称的“知觉是直接的”这个理论假设产生了一些缺陷。

据此，福多和派恩夏利认为，在“表征是一种知觉推理过程的中介物”这个假设下，“不变物”与“拾取”这两个概念可以得到合适恰当的约束，即这两个概念都需要“表征”概念来进行补充。而且，吉布森的理论与心灵表征理论，可能都会同意这样一个观点：对信息的直接“拾取”与对表征的“推理”这两件事情，都会消耗一些心理活动（在这些活动的过程中可以产生知觉知识）。并且，在“表征”的作用下，如果进行越多的“拾取”，那么所消耗的心理活动就会越多。

以视知觉为例，福多和派恩夏利认为“拾取”这个术语，至少需要有两个约束条件，它才有可能被直接知觉到：

第一，除非周围环境的诸多属性中，存在有一个具体和确定的受限分类，否则没有什么事物可以被“拾取”。而这种约束的结果是，全部的视知觉必须包含推理过程。进一步说，对于在某环境中物体特征的全部视知觉，都需要进行这种推理过程。然而，吉布森的理论中并没有这种对环境诸多属性进行受限分类的标准与方法，因此在这个意义上，在福多和派恩夏利看来，直接知觉论并不是一种严谨的理论。

第二，如果某个外在事物的属性被直接“拾取”到了，那肯定是由于某种刺激产生了一定的“效果”。比如，这种使刺激出现的“效果”的分量要足够多，才能引起充分的知觉判断（perceptual judgments），而达不到这种刺激分量的话可能就不能引起感知者的知觉判断。那么，福多和派恩夏利认为吉布森并不能严格界定这种分量，因此 Gibson 若能界定的话，或许福多和派恩夏利就能承认这个概念的合理性。

由于这两个原因，福多和派恩夏利认为吉布森并没有提供一个融贯的新理论，而现存的基于心灵表征式的信息处理理论，还可以为吉布森的基本理论概念进行适当的约束和补充。因此，与吉布森的理论相比，信息处理理论（即假设信息是视知觉的中介）要更为精确化。

那么，上述的约束如何能对吉布森理论中的“拾取”和“不变的”这两个术语起到明显的补充作用呢？福多和派恩夏利提醒我们注意这个事实，即在缺少这些约束时，“知觉是直接的”这个假设到底会是什么情况。在这个问题上，福多和派恩夏利认为吉布森理论无法解决这个问题。

福多和派恩夏利假设了这样一个情况：在某个具体的环境下，其中的人们都可以正确地感知到，该环境中的一些事物属于 P 类型。除非那件事物就是 P，否则我们不能正确地感知到某些事物就是 P。这是一个经常容易被忽视的真理，即能被感知为 P 的诸事物，肯定会分享一个“不变的”属性：即，作为 P。

在对这个案例的解释上，福多和派恩夏利认为，如果按照吉布森的理论，人们在感知中所做的事情，就是去拾取一个合适的“不变性”。但是，这种解释其实是任何一个知觉都可以完成的伪解释（pseudo explanation）：即某人去感知某物是 P，其实就是拾取那类事物所具有的（不变的）属性 P。因此，福多和派恩夏利认为这完全是同义反复，并没有什么新知识出现。

基于他们的这个推断，福多和派恩夏利还给出了一个表达这个问题的具体案例：人们是如何去感知放在地上的那个物体就是鞋子？

如果根据吉布森的理论，这个问题的答案就应该是：是因为这个物体具有一种具体的（不变的）属性，而这个属性只有鞋子才具有，即那种使其成为鞋子的属性。去感知某物体是一只鞋子这个活动，就在于对这种属性的“拾取”。

福多和派恩夏利提出了吉布森面临的问题：如果不是通过推理作为中介，那么我们是如何对光线的这种属性进行拾取，并且通过这种拾取，我们还可以获得周遭环境属性的知觉知识？换言之，即福多和派恩夏利问了吉布森这样一个问题：如果不是通过推理，你是如何从你在光线中所拾取之物，来贯通到你关于环境物体的所感知之物？

而按照福多和派恩夏利的设想，吉布森可能会这样回答：我们所“拾取”的东西，就是关于环境的信息，该信息是包含在周围光线分布的信息中的。

基于这个回答，福多和派恩夏利认为，他们找到了吉布森理论的核心麻烦，即：吉布森没有办法去构建“周围光线分布中的信息”[①]这个概念。如果这个概念无法构建的话，那么对环境信息的直接知觉在福多和派恩夏利那里也就是天方夜谭。

然后，福多和派恩夏利将把吉布森所谓直接感知的对象分为三类，并进行逐一反驳。在下一节中，将集中讨论这些问题。

何物可以被直接感知到

通过上一章对生态心理学理论的全面阐述，我们知道吉布森（1979）在书中举了很多例子来说明什么是生态的属性，什么不是生态的属性。比如“开放的（open）”和“杂乱的（cluttered）”就是环境“布局（layout）”的生态属性。所谓开放的布局，就是由地面、地平线与天空共同组成的环境布局；而杂乱的布局，则是物体杂乱地堆在地面上的环境布局。类似的环境布局还有山洞、山间的坝子等，而事物的功能可见性，就是类似于这样的一种特殊的生态属性。

因此，可以看出，福多和派恩夏利将功能可见性当作一种物体属性而进行考察，这种属性在某种程度上与某个有机体的目标或实用相关。比如，“可食用的”就是某个具体物体的功能可见性，类似还有“可用来做武器或工具的”“可做障碍物的”“可做避难用的”等。根据福多和派恩夏利（1981），他们把功能可见性看作一种具有倾向的属性（因为这种属性都与有机体所能对某物体做出的行动有关）；也是一种关系的属性（因为对于一类东西来说，不同的有机体可以对其作出不同的行动）。

---

① 环绕光流阵列所承载的环境信息。

而在吉布森的理论中，吉布森认为“任何动物（并且全部动物）的环境都包含物质、平面，及其布局、围场（enclosures）、物体、地方、事件、其他动物……这全部的环境之广阔，即使对于生态学家来说，也是非常难以描述的，所以我们应该选择出那些环境特征，这些特征是可以由类似我们这样的动物可知觉到的。”[22]，36 接着，吉布森还给出了哪些事物不具有生态属性的例子，当然这些物体也具有属性，那种“不能被感知到的”属性（比如光是由粒子组成的物理属性，这个不属于生态属性）。

然而，福多和派恩夏利将吉布森这个“感知”概念解读为，对某些类似通过观看就能告诉你是什么的事物的感知。通过这种解读，福多和派恩夏利认为吉布森的概念“生态的”与“直接可感知的（directly perceivable）”，这其实就是两个循环定义（inter defined）的概念，因此福多和派恩夏利认为，作为“生态的”属性是作为“可知觉到的”属性的一个充分条件的话，这就意味着，吉布森式的解释“你感知一只鞋的方式，就是通过拾取它之所以成为鞋的那个属性来完成的”中，“生态”的属性并不能成功约束“直接知觉”概念。

进一步，福多和派恩夏利又进行了再次推论，即如果全部可以被感知的属性实际上都是生态的，那么这个所谓“知觉就是对生态属性进行拾取”的宣称，就是一种空洞的真（vacuously true）。而我们所真正需要的，则是一些作为生态属性的评判标准，而不是需要评判何为可知觉性的标准。在福多和派恩夏利看来，吉布森却并没有提供这种标准。

而根据这个结论，福多和派恩夏利又对吉布森的理论进行了下一个质疑。

可投射性质能否被直接感知

福多和派恩夏利认为，如果吉布森所说的“生态属性”就是全部知觉属性的话，那么一个生态属性的概念，将不能约束直接拾取的概念。所以，可能只有一部分独立的、可枚举的一些生态属性的真子集才可以被算作可被直接知觉到的。

福多和派恩夏利从科学哲学中借用了一个术语，即“可投射的谓词（projectable predicates）”，这个术语，意思其实是表达了物体所存在的一种“可投射的属性（projectable property）”。如果一个谓词不是可投射的，那么就意味着不存在关于可投射的谓词所表达的属性的法则。

这里有一个例子。比如，谓词“……是我最喜欢的食物”就不是一个可投射的属性。这可能是由于没有法则适用于或限制约束我最喜欢的食物的类别与范畴。换句话说，假设，我最喜欢的食物是苹果，并且存在一些关于苹果的法则和规定，那么对于这个假设，这个结论仍然有效。这是因为，“作为我最喜欢的食物”与“作为苹果”这两个属性是不同的。因此，福多和派恩夏利（1981）根据这个分析，又对吉布森的理论产生了两个反驳：

第一，并非全部可投射的属性都是能够被直接感知到的。比如，经典光学的可投射的属性就不是，这也是为什么吉布森需要生态光学去构建一个视知觉的理论。经典光学不能对属性进行分类，这就阻碍了吉布森直接视知觉理论的构建。因此，福多和派恩夏利认为，如果直接可知觉的属性与其他属性之间的区别，可以通过可投射的生态属性来得到解释和说明的话，并且如果该解释是非循环的，那么吉布森的理论就需要一个标准或规范，来区别生态属性法则与其他类属性的法则之间的不同。然而，吉布森却没有提供这类原则。因此，首先吉布森就得需要一个可被清晰解释的直接知觉概念，然后才能讨论生态属性是否可被直接感知到。

第二，吉布森并不想把全部的属性都看作是直接可知觉到的。而且，功能可见性通常就不是可投射的属性。福多和派恩夏利举了个例子，按照吉布森的理论，就没有关于——光线是由一堆可食用的事物来构成，或由一堆书写工具来构成——这样的法则。尽管，“可食用的”或“可作为书写工具的”属于吉布森理论中由物体所提供的属性这个类别。因此，福多和派恩夏利认为吉布森的功能可见性概念最好表达成这样：能够提供这些功能可见性信息的事物，经常会具有一个特征的形状（颜色、纹理和大小等），并且在这里也存在着使物体形状与物体反射光的属性产生连接的法则。如果不存在这样一个福多和派恩夏利所补充的法则，功能可见性也不可能合理地存在。但是，福多和派恩夏利的这种做法在吉布森的理论中则显得非常不搭调，因为按照吉布森的理论，感知者感知到的应该是物体所提供的各种功能可见性信息，即该目标物对感知者所提供的行动可能性，而不是该物体的形状（颜色、纹理和大小等）这样的物理属性。况且，吉布森也曾旗帜鲜明地否定这种存在中介物的解释，即对某物体的功能可见性的知觉，是通过从其形状、颜色、纹理与其他“品质”而得来的推理活动来形成的。

是否只有现象学属性才能被直接感知

我们知道，如果按照现象学的观点，人类是通过内省（introspection）①来通达外部世界，而且这个要比其他通达世界的方式要更为可靠一些。举例来说，窗外的一片风景，我们可以很容易看到，这片风景包括了场地、大树、天空、云朵、房子、灌木和石头等。但经过特别的训练来观察一片风景中的这些属性后，就能用错视画法（trompel'oeil）②来复制这一片图景，而这些属性则依赖于一个固定的观察视角，即某个具体的第一人称视角。

据此，福多和派恩夏利认为，假设我们把这些事物可通达的属性当作现象学属性的话，那么很多吉布森所构建的诸多属性，都可称之为现象学属性。并且，只有这些现象学属性是可被直接感知的。而这一点，也可能是吉布森所反复建议的“环境必须被以具有意义的术语来进行描述”：“……涉及观察者需要的世界的品质是被直接体验到的”，反之，“由光线、声音、压力和化学物所触发的感觉，仅仅是附带的产物”。[22], 246

① 内省属于现象学的一个术语。粗略地说，即人类对其心理经验的“体会”“感觉”。由于“事物是否存在”这个论题被现象学所“悬搁”，因此现象学把这种对某个事物观看后所产生的心理“体会”作为研究对象，这种“体会”确实存在，讨论“体会”，相比于讨论“事物是否存在”更为确实有效，因此现象学以这种“体会”为对象来进行研究。

② 错视画法原意是法语中“障眼法”的意思。错视画法存在于超现实主义美学概念的核心中。这种“瞒骗双眼”的画法是一种视觉错觉，即一个平面图像描画出一些乍看起来立体的对象。比如墙上画着的一扇门，或者从一个从窗户看出去的田园风景，这些都可以让人产生三维透视的感觉。经典的例子可以参考《GEB- 永恒的金带》一书中埃舍尔的画。

因此，现象学属性在吉布森对个体发生的讨论中具有重要的核心作用："……婴儿并不是首先区别物体的品质，然后再学习描述这些物体的品质的合并。现象学的对象并不是建立在这些品质之上的。它们是以另外一种方式存在着。一个对象的功能可见性就是婴儿首先注意到的东西。在观察到实体、平面、颜色与形式之前，意义就已经被观察到了。"[22], 134 因此，按照吉布森，现象学属性是可以被直接知觉到的。

但是，福多和派恩夏利对于现象学的属性可被直接知觉这一论点，却有三个反驳：

首先，在福多和派恩夏利认为，现象学并不能容纳吉布森的不变的生态属性的全部案例。因为，在这些生态属性中，有些就是现象学不可通达的，比如平面的倾斜，纹理的渐变与流动、移动中的闭合纹路的边缘等，都不是现象学可通达的。观察这些事实需要一些精细的检测。而对这种属性细致的检测，则在知觉活动中处于核心地位。因此，福多和派恩夏利认为吉布森的理论光维持这一点就很难：直接可被知觉的事物就是生态光学的可投射属性；然而，可投射属性的标准却排除了功能可见性；而现象学标准，却仅仅让功能可见性进来，而对于其他属性却不闻不问。

其次，对于从现象学特性那里推断出来的直接知觉这个说法，也引起了福多和派恩夏利的质疑：或许，现象学属性的特性只是意识通路（conscious access）的一个孤立的现象，并没有告诉我们关于知觉的本质。

最后，福多和派恩夏利认为，吉布森的理论需要一个机制，来说明具有现象学属性的直接知觉。比如，仅仅说我们直接感知到一块石头可以被用来做武器是不行的，我们需要一个解释，即如何去理解这样一个属性可以是非推理的。因此，福多和派恩夏利认为，对于某类刺激属性的直接拾取来说，当前的心灵表征理论可以对这种说法提出一种机制，即功能可见性确实属于推理后得到的，而非直接感知到的。吉布森有时会将知觉机制说成是"通感或共鸣（resonating）"，对于生态参数的值来说，它们是被"调谐（tuned）"好的。而在福多和派恩夏利看来，这些模糊的术语只是吉布森对知觉机制的一种诗意表达，其中并没有多大的价值而言。

吉布森的理论能否解释错觉的发生

在当前的哲学与心理学研究中，如何合适地解释错觉的发生机制，仍旧是一个亟待解决的问题。福多和派恩夏利认为，心灵表征理论具有一套标准的研究方法，因此可以提供一个解决方案。这个方案其基本思想，就是将错觉与对表征的错误推理联系在一起。既然如此的话，感知者的知觉（某物是可食用的）的存在，就是依赖于对该物的外观（如味道、纹理、颜色、形状等）的推理才能够成立。那么，福多和派恩夏利就必须得回答这个问题：错觉与表征的错误推理应该如何联系到一起?

福多和派恩夏利认为，这些推理一般依赖于过往经验的收集，并且对这种经验的收集本身就是非证明的，所以就会有错误和失败的可能。在这个基础上再加上一些随机的偶然原因，那么根据外观到可食用性的（知觉）推理活动肯定有时就会产生错误。进而，这种错误随之所带来的结果，可能就是食用后感觉到该对象十分苦涩，甚至会致命。比如，有一个红彤彤、圆圆的苹果，在某人看来，它是一个成熟的可以食用的苹果，但当他拿起来一口咬下去的时候，才发现这苹果其实是个蜡像。这就是基于心灵表征理论对错觉的一个比较合理的解释。

根据这个推论，福多和派恩夏利开始针对吉布森生态式理论对错觉的解决方案进行了考察与反驳。我们知道，按照吉布森（1979）的理论风格，对错觉问题的考虑，肯定是一个非推理式的解决方案。按照这个思路，福多和派恩夏利认为吉布森的理论实际上存在着一些隐藏的困难与矛盾：即，如果“直接地感知”被看作是假象的，那么“x 直接地感知到 y 是可食用的”将蕴涵 y 是可食用的。那么，于是就出现了这样的结果：某人将某物错误地感知为可食用的东西，这就意味着，这种错误的知觉不能是对可食用性的直接知觉。

另外，福多和派恩夏利还认为，如果“直接地感知”不能被当作假象的话，那么下面这个情况就有极大的可能会发生：直接地错误感知某物是可食用的。面对这样的反问，吉布森就需要去说明当错觉是直接被产生后，到底何物变错了。

在对“我们直接对某物的可食用性可能会产生错觉”这个问题的回答上，福多和派恩夏利认为吉布森的理论并不能给出一个比较满意的解释与答复。将事物错误地感知为可食用的，其实就是将明显可看出“可食用性”这样一个属性附加在对象物体身上。而与此同时，这个麻烦也影响着一个错觉理论去解释事物如何具有它本来就没有的某种属性这个问题。

按照直接知觉论，福多和派恩夏利设想了一个吉布森会回答的方案，即如果功能可见性被正确感知到的话，那么它就是被直接感知到的，并且这与“直接感知”的事实性相符合。但福多和派恩夏利认为这个所谓的解决方案，并不能帮助吉布森解决对于错觉的解释说明问题。

在这些分析的基础上，福多和派恩夏利认为，如果一个知觉理论能够站得住脚，那么它必须不但能解决大多数普遍（实际的）案例，而且还要解决对于实际情况出现知觉错误并导致错误信念这个问题，在这一点上，建构论要比直接知觉理论好。

意向性如何被自然化

福多和派恩夏利认为，由于对直接知觉理论对于知觉问题的不当处理，会导致吉布森严重低估了构建一个完全不需要心理表征的认知心理学理论的难度。因此，他们的论证主要有以下三个步骤。

首先，通过对吉布森（1979）的考察，福多和派恩夏利认为吉布森所说的知觉关系（看、听、尝等），基本都是广延的（即它们都需要在物理的维度上获取）；并且，吉布森也是以物理式的获取这么一种方式，来对待全部的心理活动关系，因此，所有的错误都建立在这样一个基础上。

其次，而在我们的心理世界中，大多数的认知关系（相信、期望、思考等），都是意向式的，而非物理广延式的存在。

最后，在建构论的心灵认知理论中，福多和派恩夏利认为，心理表征的主要工作，是提供一个解释认知关系的意向性基础。我们的心理活动（思维、推理、相信、期望等）的存在，使我们不可能去发展一种无表征的认知心理学。如果说这件事硬要可能的话，那么除非我们至少具有一个关于无表征参与的意向性理论。但是，实际上吉布森并无意建立一个这样的关于无表征参与的意向性理论。

对于福多和派恩夏利的这个论证，我们这里可以举一个具体的例子，来加强对福多和派恩夏利论证思路的理解。比如，我们可以比较一下"认出"与"将……认成是……"这两组词语。

有这样一个场景："在一望无垠的大海上，船医乔巴的好朋友，戴着有红边的草帽坐在船头，眺望着远方。"如图 4-1 所示。

图 4-1　剧场版电影《航海王》截图

当有人问你："那个戴草帽的人是谁"，你该如何回答？

第一种情况：如果你认出"那个戴草帽的人"是谁的话，那么你就"认出"了船医乔巴最好的朋友，这是因为他同时还是船医乔巴的好朋友。因此，这个命题为真；如果船医乔巴最好的朋友是路飞，并且你认出了船医乔巴最好的朋友，那么你也认出了路飞。

然而，还有第二种情况：假设，你将船医乔巴最好的朋友，认成是那个戴着草帽的人。那么，即使那个戴着草帽的人就是路飞，这也不能得出你可以将戴草帽的那个人认成是为路飞。

通过比较，我们很明显可以看出，由于这两者具有不同的心理结果。而一个好的认知理论，必须能够区别有机体所处的不同状态和不同结果。

根据上面这个例子，就可以说明福多和派恩夏利的观点：一个关于意向关系的理论，必须处于一个认知心理学的核心地位；而作为一个认知心理学理论，我们必须能够分清楚，某个主体知道的东西，并不是该主体感知到的东西。然而，吉布森的认知心理学理论在福多和派恩夏利看来并不能做到这一点。

在这两种情况的区分下，福多和派恩夏利认为心理表征在一个认知理论中所处的理论地位与其作用，就是能够区分这两种情况。实际上，心理表征的存在，就可以允许我们去根据"观看（seeing）"和"心理的表征活动（mentally representing）"这两个术语，来理解"把……看作（seeing as）"这个术语。因此，福多和派恩夏利得出这样一个结论，即知觉的认知结果的形成，不仅仅依赖于世界是否被观看到，而且还依赖于这个世界如何被观看。

在此基础上，福多和派恩夏利质疑，如果吉布森要提供一个不需要心理表征就能建构的认知心理学理论的话，那么，他必须提供一个可以替代心理表征的理论，来替代心理表征对意向关系解释，但这一点在福多和派恩夏利看来，吉布森的理论中并不存在这样一个解释。

实际上，在生活中每个人都会遇到一些意向性问题。比如，我们可以回到一个经典的弗雷格例子：在古代，面对同样的一颗星星，一个人会看成是启明星，因为每天黎明都会出现；而另一个人则会看成是长庚星，因为每天黄昏都会出现。但是，身处古代的人们，并不知道他们实际指的是同一颗星。[30]

按照心理表征理论［可参看福多（1980），福多（1981）；菲尔德（Field，1978）；派恩夏利（Pylyshyn，1980）］，福多和派恩夏利认为人们就是通过不断扩增心理表征，来寻求适应这种外部世界的事实。这个观念可以用不同的方式表现出来。某些人会把金星看成是晨星，而另一个人就会把金星看成是暮星。根据心理表征理论，这种情况的出现，其实就是具有不同语义内容的表征，应用到了同一个对象上而已。然而，心理表征理论是以心理表征作为操作对象，而福多和派恩夏利认为吉布森可能是用属性作为操作对象。因此，按照心灵表征理论的术语，同一个对象（太空中的那颗星）现在被表征为晨星和暮星。

而按照吉布森的功能可见性理论，福多和派恩夏利认为面对同样的对象（太空中的那颗星），实际上具有两种不同的属性（即作为晨星和作为暮星）。我们要是能够认出这个对象，则依赖于我们对这种不同属性的直接拾取。因此，福多和派恩夏利批评在吉布森的理论中“属性（property）”与“意义（meaning）”这两个术语是互相定义的概念，但是如果它们被非同义表征（nonsynonymous representation）表达出来的话，那么属性是不同的；如果表征表达了相同属性的话，那么表征就是同义的。很明显，我们知道，晨星 = 暮星，但是作为晨星的属性≠作为暮星的属性。

在这个核心问题上，福多和派恩夏利从对表征中的语义区别的讨论，转移到了属性上的本体论区别上的讨论。面对同一个物质实体，福多和派恩夏利认为，他们提供了一个可以通过表征独立解释意义的理论（即心理表征理论），而吉布森提供了一个通过属性的具体化来解释物质实体意义的理论（功能可见性理论）。在心理表征理论中，通过推理来对表征的功能角色进行改造和重构，增强对物质实体的认知，这是心理表征理论的希望。但是，在福多和派恩夏利看来，吉布森的理论并没有给出一个问题解决的方案。因此，他们认为，心理表征理论提供了对如何理解知觉这个问题的一个真实解决路径与希望，而吉布森的理论却走进了死胡同。

再回到晨星与暮星的例子上来。福多和派恩夏利认为，吉布森的大战略，就是使用一个属性的（意向的）概念，去代替当前理论中一个表征的语义内容的（意向的）概念。在晨星暮星的例子中，福多和派恩夏利假定了两个不同的关于金星的心理表征；而按照吉布森的理论，则假定了金星具有两个不同的属性，其知觉机制可以通过有选择地进行调整。

在这样的批判之上，福多和派恩夏利认为，即使吉布森要建立一个知觉理论，但他不能忽略意向性所带来的问题。根据心理表征理论，心灵就是一个对表征进行操作的机制，并且，你所看到的东西如何影响你所知道的东西，对于这个问题，根本上说，是一个你如何去表征你所知道和看到的东西，这是一个从认识论的经典传统中而继承来的现代认知理论中的思路。因此，在认知心理学中，福多和派恩夏利认为，吉布森对心理表征理论的反驳是不成功的，除非有一些更加强有力的解释出现。

感知与行动法则：对心灵表征理论的反驳

实际上，从上一节福多和派恩夏利批判的概述中我们可以看出，他们所要解决的问题，其实与吉布森并不相同。因此，在这个意义上，他们对吉布森的反驳，并没有言及吉布森的核心。在这部分中，将论述福多和派恩夏利如何错误地理解了吉布森的观点。我们认为，由于对生态心理学理论特点与术语应用的陌生，因此福多和派恩夏利根本就不能提供一个对吉布森理论的精确解释。

继福多和派恩夏利（1981）的种种质疑之后，吉布森生态心理学理论的支持者特维、肖、瑞德和梅斯（Turvey、Shaw、Reed& Mace，1981）[31]也于同年发表了一篇长文来反驳福多和派恩夏利（1981）的论点，他们认为福多和派恩夏利（1981）不仅误解了吉布森（1979）的理论，而且对他们的心理表征理论有一种固执的自大，因此并没有从吉布森的理论中认识到自身理论的缺陷。

在特维等人（1981）的研究看来，吉布森的基本主张是在自然界中存在着使有机体与环境的功能可见性产生出一定关联的生态法则。吉布森的功能可见性理论给心理学的发展指出了一条道路，即它提供了对于行为与知觉的假设检测与进行精确形式化的框架。若伦森（Runeson，1977）[32]、特维和肖（Turvey & Shaw，1979）[33]、瑞德（Reed，1996）[34]和特维和卡若罗（Turvey& Carello，1981）[35]等都认为，功能可见性理论提出了一条整合现象学与心理学机械式论调的道路，使得功能可见性兼具两者的特点，而没有使哪方面的理论特色独大。

福多和派恩夏利（1981）最重要的论证，就是反对吉布森的功能可见性理论，他们认为吉布森在解释有机体与环境之间的关系上并不成功，因此吉布森所说的关系并不合理。福多和派恩夏利（1981）认为，在心理学理论中，并不存在任何以自然法则（laws of nature）为基础而建立起来的理论。尽管，他们同时也承认，如果功能可见性这个概念可以合理地在环绕光线（in ambient light）中被具体描述，那么吉布森的假说则是有效的，从而功能可见性的直接视知觉也将是可能的。

接下来，我们将对特维等（1981）关于吉布森生态研究进路的描述进行粗略阐释，并解释生态法则这一概念，并且指出内涵问题与意向性问题是在这个语境中是如何被消除和解决掉的。最后，特维等（1981）认为，生态研究进路是一种科学的研究进路，并且非常容易进行操作和处理一些对知觉事件的解释，而这对于研究认知这个当前理论的核心也具有相当大的说服力。

建构论视角的不可行性

对心灵表征理论两个主张的反驳

特维、肖和梅斯（Turvey、Shaw& Mace，1981）认为，福多和派恩夏利（1981）所为之辩护的心理表征理论，其理论的基础主要基于以下两个主张。

主张 1：一个动物，可以凭借自身的身体器官等物理部分，与光、声、空气中分子分布等常规的物理属性联系在一起，因为基于物理的法则，动物的物理部分可以与环境的物理部分产生实际的联系，比如看、听、闻等。

主张 2：一个动物凭借自身心理成分，却以某种非物理法则的关系，与周围环境与富有意义和目标的自身行动等联系在一起。

这两个主张，就是福多和派恩夏利（1981）心理表征理论的基础。在心理表征理论中，知觉常常被描述为一种使用心理表征进行的推理活动。这样一来，从外部得来的有限的物理证据状态（各种感觉材料），通过这种推理活动，心灵中可以得到到无限多的心理信念状态。

那么，对应这两个理论主张，同时也可能会有两个反驳。

反驳 1：动物是否有能力利用自身的器官，与外界环境产生物理方面的交互关系？如果动物的确有能力与外界环境产生交互关系的话，那么在这个基础上，动物是否具有能力使用这些感觉材料，并通过对表征的推理活动，产生出知觉？

反驳 2：心理的事物，如何凭借非物理法则去影响和改变外在的物理世界？

按照特维等人（1981）的论述，心理表征理论对于这两个反驳的回答可能倾向于这样。

回答 1：心灵表征理论的两个主张保证了这样一个事实：现实世界中不断进化着的生物，必然会对一些能量形式保持基本的敏感度，否则它就不能从外在世界获得支持其生存的物理能量，从而正常地生存下去；而且，进化这件事情还使得一些拥有“概念”能力基础的生物，具有了一种基本的推理能力，这种推理的能力，就可以对该生物的生存和繁衍提供一些强有力的支持。因此，福多和派恩夏利（1981）中指出，一个动物是如何从环绕光线的属性（物理的信息），延伸至身边环境的属性中获取对其生存有意义的信息，换句话说，其实就是“基于连接这两者相关关系的知识，然后从前者推理到后者”，从而获取信息。因此，这种推理，涵盖了与其生存相关的基本的能量敏感度以及周围环境的属性。而在福多和派恩夏利看来，这种推理就是心理表征意义上的知觉。

我们从上述回答中不难看出，为了解决主张 1 所带来的反驳与诘难，心理表征理论使用了进化论理论来进行解释和自卫。这个很容易想象出，在自然界中，动物其实就是一个具有能量参数的传感器，任何一个动物，都是一个物理实体的集合，从基本元素原子，到大蛋白质分子，再到细胞、组织、器官、躯体等层级不断由低到高进行聚集而出现。在初等生命那里，机体的选择性还不强，而且器官分工或功能上的精确性也不够，导致生存率低下。但通过物理上的生物进化，机体作为一个生物，或越来越有选择性、倾向性和目的性，而且这些选择、倾向和目的，都会越来越精确和细致。

回答 2：根据福多和派恩夏利所倡导的心理表征理论，特维等人（1981）认为，对这个问题，心理表征理论是没法回答的。这是因为，由于主张 2 就是当前心理表征理论的二元论式的研究进路的体现，因此对于反驳 2，心理表征理论由于内在的理论缺陷，所以并不能提供一个动物心理部分如何影响和改变外部世界的合理解释。

心灵表征理论如何进行推理活动

根据福多和派恩夏利的心理表征理论，知觉就是一种心灵中使用表征来进行推理的活动过程。

而从特维等人（1981）的研究看来，由于我们尚不知道心灵内部的活动机制，所以福多和派恩夏利所说的这种推理，其实是一种属于非证明的推理（non-demonstrative）形式，即归纳逻辑、枚举推理和溯因推理等形式。而这些推理形式，本质上都是在寻找一种介于事实证据与科学假说之间的确证关系。但是，我们并不知道是否存在这种确证的关系，或许我们只能认为这种确证关系是具有可能性的，但是否具有必然性仍未可知。为了证明这种确证关系不存在，特维等（1981）举出了一个自然界中具体的生物——以沼泽玉黍螺这种生物为例，来说明这种推理式的知觉论的观点，并不能合理地解释发生在自然界中的实际情况。

沼泽玉黍螺是一种海生蛞蝓，它们常常在潮间带（即海潮的高潮线与低潮线之间的中间带）的上部被发现，而在潮间带中经常会有一些植物生长。通过潮水的上升，这种蛞蝓会由海水带到岸边的潮间带上，并慢慢爬上此区域植物的茎部。这种蛞蝓通过潮水，与最近的植物茎产生接触与联系。它对潮水的涨退特别敏感，涨潮前就向树上方爬行，开始退潮时就往下走到水面上而停步。这些植物茎有两个特征与沼泽玉黍螺的行为相关，即，能让它攀爬的对象，但也同时是阻碍它的前进运动。

接下来，特维等（1981）就使用了福多和派恩夏利的表征理论方法，来分析一下沼泽玉黍螺与植物茎的关系。他们是这样分析的：

（1）如果一个事物要能成为一个障碍物的话，假设它必须具有（p，q，r）三个属性；那么，（p，q，r）就成为了“障碍物”的内涵 b。

（2）如果一个事物要能成为一个可攀爬物体的话，假设它必须具有（s，t，u，v）四个属性；那么，（s，t，u，v）就成为了“可攀爬物”的内涵 c。

（3）作为“障碍物”的内涵 b，它的外延（在潮间带中）就是那种植物茎，而其他蜗牛也会作为障碍物出现。

（4）c 的外延与 b 的外延同时存在于这个空间内。

首先，特维等人（1981）对建构论放宽一些限制，即允许沼泽玉黍螺可以“看见”（即非推理式地获得感觉材料信息）如植物茎与其他蜗牛等物体，但这种能力将不能帮助沼泽玉黍螺具有自适应的表现。这是因为，在表征理论下，所谓的看见，就是掌握了 b 和 c 的外延，而没有掌握 b 和 c 的内涵。

那么，我们要如何解释，沼泽玉黍螺朝向植物茎的这个特殊的指向性呢？也就是说，当它的“看”被限制在这种（模糊的）外延中，沼泽玉黍螺的行为，是如何成为内涵 c 的一种表征？

特维等（1981）认为，对于这个问题的答案，以当前表征理论来看，应该是这么解释的：“看见一个可攀爬的物体”。但是我们知道，对于沼泽玉黍螺来说，很明显这是一种不合理的解释，因为该生物根本就不能去“看见”某事物。

因此，心理表征理论对这一情况的合理解释，应该是“相信某个植物茎，是一个当下被看见的、具有 c 属性的物体”。

那么，这个解释就需要两个条件，其一，将此归因于沼泽玉黍螺的一个内在符号系统，该系统可以表征内涵 c；其二，沼泽玉黍螺的作为与该表征相关的概念。而特维等（1981）发现，这两个条件都暗含在主张 2 中。

因此，特维等（1981）认为，在福多和派恩夏利的表征理论下，事件的物理状态不能是内涵的，而只能是外延的。换句话说，把 c 属性归因到植物茎这件事，并不是凭借物理的描述来完成的，而是根据沼泽玉黍螺所具有的这个概念来完成的，即内涵 c（即属性集合）成为了一个心理表征，它是一个心理上的概念，而并非物理意义上的存在。但是，与此同时，属性（物理范畴内研究的对象）又被当前的表征理论经常使用，并把这种属性当作是物理真实的，而非心理的事物。

很明显我们可以看出，环境的属性对有机体的活动有着重要的意义。然而，这种意义性并不是当代物理的研究对象，这就引出了一个矛盾，即：这种意义性，又让当前的表征理论将其作为心理事物而非物理事物来研究。

换句话说，“属性”在福多和派恩夏利所倡导的表征理论那里，既是物理的，又是心理的。因此，特维等（1981）认为，表征这个概念，它不但过分简单化了与其相关的物理分类系统（即物体对象的属性），也过分简单化了与其相关的生物分类系统（如植物茎），而且还假设这两个分类系统对于知觉和行动的分析研究来说足够充分，所以才导致了上述的矛盾。而这些假设，其实非常容易通过行为观察，来进行有力的反驳。

而且，德雷斯基（1969）[36]对动词“看（seeing）”做了特殊的区别，相对日常语言来说，那么在这里使用的“看”，就是那种非认识（non-epistemic）意义上的使用。这样一来，在这个例子中，表征理论不得不将“看见某物”作为一种分布式身体活动进程（distributed physical processes）的突现属性（emergent property），这就存在着一种对物体的活动，即“看”，它是基础的、真实的一个事件的物理状态。但是，很明显我们也可以看到，在福多和派恩夏利的表征理论中，这个例子就显得特别棘手，它几乎束手无策，因此也无法提供一个合理的解释。

为了增强福多和派恩夏利心理表征理论的反驳，特维等（1981）又举了一个南非帽螺的例子：南非帽螺常常被海星和泰国鳖所捕食。这种帽螺对于天敌的反应有两种：逃离或者进攻。然而，这种帽螺对于某个天敌来犯时，感知它是否可以与、或者不能与这个天敌一战（即该天敌我还差不多能应付），这件事依赖于它与该天敌的身体相关比例大小。在一定大小之上的帽螺，就敢去攻击较小的泰国鳖，但是遇到比它大的海星时却会逃跑。如果再大一些的话，就可以攻击这两种捕食者。

可以看出，敌人是“可去攻击的”，这个属性对于帽螺来说是很明显的存在。实际上，这个属性并不与这个生物学分类“帽螺的捕食者”具有共在的关系。而且，同样很明显的是，那种用来区别对敌人是打还是跑的属性，在当前的任何物理理论中都不存在适当的解释。

按照特维等（1981）的观点，心理表征这个概念其实只是一种名义上的存在。因此，它是一种唯名的概念，实际上并不存在，也没有存在的必要。

如何使建构论符合生态心理学立场

在上一节中，特维等（1981）通过自然界实际案例的分析，对福多和派恩夏利所谓的“心理表征”存在的合理性进行了质疑。

特维等（1981）认为，在福多和派恩夏利的表征理论中，强迫内涵进入心理表征，这其实是将“有机体——环境”系统看作非进化的、封闭的系统。就像刚才提到的，内涵的概念解释假定了一个固定不变的基本内涵，当前与未来事件的全部系统状态都是可还原的。但问题是，“有机体——环境”系统是一种具有物质与能量流动的系统，而且其系统还存在着各种形式的竞争的可能性。而且，该系统是通过稳定性与动荡性的活动，来使其从较少结构的状态，慢慢过渡和进化到较多结构的状态。因此这些系统属性是一个后天的事实，而不是一种先天的惯例（prescriptions）。基于进化的观点，这个开放的系统既不是什么唯名论，也不是与它类似解释的属性实在论。这两者都是将内涵看作是其理论的开端与起始。所以，现在所需要的就是对“有机体——环境”系统的属性的理解，看作是一种后天的事实，这是真实存在的。

不可否认，当前的人工智能认知范式的成长，心理表征理论起到了很重要的作用，而我们也习惯于默认这样一种貌似正确的观点：人工智能中，“使用视觉观看外部世界的机器”，本质上就是对于物体进行一种马赛克式的图像处理。而这种处理模式，与人类观察者用马赛克投射，来对物体进行描述（像古罗马马赛克壁画那样的，如图4-2所示[①]），这两种观看的模式之间存在着非常合理的类比与同一性。粗略地说，

---

① 图中用马赛克堆砌而成的女子为古希腊丰收女神。作者摄于纽约大都会艺术博物馆（Metropolitan Museum of Art）。

根据建构初始马赛克的连续表征，来进行的机器“观看”活动，就像是机器捕获了外在事物的物理排列属性，然后以马赛克的形式反应出来。因此，对于心理表征理论的机器化实现的核心，就是对表征（representation）的概念和匹配（matching）概念的使用。

图 4-2　拜占庭时期古罗马马赛克壁画

那么，如何使当前的建构论符合生态式世界观？特维等（1981）给出了一个简单的回答：

消除主张 2，并且充实主张 1。

这是由于，特维等（1981）认为，一个充足的知觉理论，它所需要的并不是更多的心理学理论，而是更多的并且适合去解释生命体与环境的物理学理论。在这个基础上，我们不应该把知觉看成是属于心理状态的范畴，或表征和计算的形式语言；取而代之的是，知觉应该属于生态学范围内的物理原则。换句话说，知觉并不是一种对心理表征的使用与推理，而是对自然界物理范围内的某种事物属性的拾取，这在某种意义上说，知觉本身就是感知者的一种行动。

我们可以看出，特维等（1981）之所以得出这个观点，就在于他们坚持了生态学进路的核心观点，即一个有机体（作为一种可以进行认知活动的行动主体）和它所处的环境（作为支持它行动的环境）被绑定在一起，有机体和环境作为一个整体系统而存在。而在这个系统内的有机体与其生存环境的法则，这也就是所谓的“生态法则（ecological laws）”。而在真实的自然界中，不存在那种永远都不变化的事物，万事万物都在变化中，并在这种变化中产生了生态法则中各种各样的生态关系，而生态科学就是对这种关系的研究，比如进化着的事物的属性。而在生态心理学家和直接知觉论者们特维等人看来，这样的属性就是功能可见性（Affordance）和功效性（effectivities）。

动物如何获得功能可见性信息

根据上节的观点，环境中的事物会给感知者提供功能可见性信息，因此肖和特维（Shaw & Turvey，1981）就将功能可见性看作一种物体的倾向属性，并将其形式化为如下形式：

一个具有属性的事物 X（比如裂缝或缝隙），它就向另一个具有属性的事物 Z（比如一只蜥蜴或壁虎），提供了一个活动 Y（比如爬进去），当且仅当，X 的某个属性（比如，在横向维度或水平尺寸上，空间范围的大小）与 Z 的某个属性（横向维度或水平尺寸上，蜥蜴或壁虎的身体宽度大小）产生双向的补充效应，而这种属性的双向补充效应近似地转换为那种通过对称转换或二元性 T 的属性，如：$T(P_1) \rightarrow P_2$ 和 $T(P_2) \rightarrow P_1$。

而对于功效性（粗略地说，即一个以目标为导向的行动），这个与功能可见性互补的概念，可以被简写为这个形式：

一个具有属性的事物 Z（某个有机体），可以对一个具有属性的事物 X（一个环境场景），产生行动 Y，当且仅当，Z 的具体属性可以通过 X 的属性进行双重的互补。

换句话说，功能可见性（Affordance）与有效性（effectivities）都是事物的倾向性属性，即那种涉及一个事物能够发生什么的潜能。就其本身而论，它们可以与正在发生的属性（这种属性就是，一个事物当前所展示的东西，可以清晰地通过裸眼观察、或辅助观察比如显微镜所获得）区别开来。

那么，作为倾向属性的功能可见性信息到底如何体现在自然界中呢？

一般做法是，我们把某种倾向归因到某个或某类具体的事物上来。回到上一节中那个沼泽玉黍螺的案例，我们将"可攀爬性"这个功能可见性，归因于植物茎的存在。

一个可攀爬上去的物体，必须具有坚硬的性质，一个具体的平面区域，一个具体的高度，一个具体的纹理品质，如此等等。这么一个物体，可以支持玉黍螺往上攀爬，提供给玉黍螺一种攀爬的可能性与潜能；而与此同时，玉黍螺本身也必须具有一个确定的能力，它分泌的黏液也必须有一个确定的黏度，并且腹侧躯体也必须有一个确定的灵活度等，这样才能实现成功的攀爬行动，从而使这种潜在的倾向属性进而得以实现。因此，要成功实现这个行动，该玉黍螺需要对一个合法则的关系［植物茎现存属性 o 和对植物茎的功能可见性信息 c（即可攀爬的）］做出决定和判断，即 o–ness → c–ness（属性 o 体现了功能可见性 c）。那么，在沼泽玉黍螺与植物茎情况下，o 会由什么来组成呢？一个可能的猜测，可能 o 是在最小化高度上，有一个垂直且不透明的表面，而且方位不多不少刚刚好，适合某种蜗牛的大小规格。而在自然界中，这种表面或平面的纹理、质地等方面的信息，则是由反射在该表面或平面上面的光线分布所承载的。吉布森（1979）就明确说过：

“我已经描述过将环境作为一种表面而存在（它是从动物所赖以生存的媒介中分离出来的实体）。但是笔者也阐述过环境提供给动物的东西，比如提到了大地、避难处、水、火、物体对象、工具、其他动物和人类表现。那么，我们如何从表面到功能可见性信息呢？并且，如果对于表明的知觉来说，存在着光照下的信息，那么这里是否存在为知觉而提供的信息呢？或许，表明的组合与布局，构成了它们所提供的信息。如果是这样的话，那么感知它们，就是去感知它们所能提供的信息。”[9]，127

因此，在光学分布与当前属性 o 之间，也具有普通的必要性关系，即这个形式“e–ness → o–ness”的一个法则。而光学属性 e 的类别的范例，已经在李（Lee，1976，1980）的文中予以考察过，即接触时间变量，$\tau(t)$。$\tau(t)$ 这个变量的重要之处就在于，它是一个无量纲的、不可消除的，有利于推出更为基本的微型光学属性；并且，对于在透明媒介中（空气）观察的一个要点，是一个突现的独特量纲，来测量物质表面的匀速或变速情况。

这样一来，我们具有关于属性的两条法则：“o–ness → c–ness”（即当前属性与功能可见性信息之间）和“e–ness → o–ness”（即光学属性与当前环境属性之间）。根据可传递性，我们有：“e–ness → c–ness”。这意味着，根据一个光学属性，那么就存在一个功能可见性信息的合法则的具体描述。总而言之，这里存在着一个关于倾向和自然法则的合法性解释，原则上，它允许功能可见性可以用光学上的术语具体描述出来。这样一来，就否定了本节开始福多和派恩夏利他们关于生态属性的直接知觉的反驳论证。

错觉：物理量度与生物量度的差异

知觉是否可错

福多和派恩夏利（1981）根据心理表征理论，认为出现“幻觉”和“知觉错误”

等这些现象，都是由于行动主体对心理表征的推理失败所导致的典型案例。

举一个我们常见的例子。一根笔直的筷子部分地插入水杯中，我们可以看到筷子在水里的那一部分是弯曲的。这一现象在福多和派恩夏利看来，就是对直接知觉论的一个强力反驳，因为筷子事实上是笔直的，但我们所看到的却是弯曲的形状。这样一来，直接知觉论就面临一个很大的挑战：直接知觉到的事物，并非真实的事物。

如果知觉是直接的话，那么插在水中的筷子应该看起来是直的，但为什么确实弯的呢？因此，在福多和派恩夏利（1981）看来，很明显知觉就是一种欺骗和错误的来源，因为知觉让笔直的筷子表现出弯的形状，这是一种本不应该看到的情况。

那么，对于直接知觉来说，这算是一个非常有力的反驳吗？换句话说，这个现象能被说成是一种知觉错误吗？特维等（1981）研究则认为，当前心理表征理论对错觉的解释相当失败，看到筷子变弯，并不是出现了福多和派恩夏利所谓的知觉“错误”。

实际上，直筷子插在水中这个情况的解释，必须基于某种意义上的光线理论基础，这个解释才能是物理真实的（而不能将一个物理的现象解释为该行动主体对心理表征的错误推理），因此才算是一个合理的解释。对于这种情况，通常物理光学的合理解释是，由于空气与水对光线的折射率不同而导致出现这个现象。而特维等人（1981）根据吉布森的生态光学理论，认为行动主体通过表面环境的周围布局，就可以用视觉检测出，当前所给定的坐标系是否发生了改变。

我们可以回顾一下之前章节中的吉布森生态光学理论，球形光学流（global optical outflow）对向前移动与向后移动来说，都是不变的。李世曼和李（Lishman & Lee，1973）[37]通过实验研究也证明了，如果你正在朝一间房子内静止的地板上行走的话（那里的墙和天花板都作为一个单元和你一起以相同方向移动；但如果房间里的那些设置的移动速度比你快的话，也不难想象出看起来你就在往后退），如果置身于房间中，你的知觉真的没有错的话，如果你对于周围环境的知觉是直接的话，那么你应该感到仿佛是往前走的。还有一些关于你这个行走者更多的断定：首先，行走者（a）“检测到了球形光学流”和（b）“当成是在朝后走”，这些并不是去分辨出该事件中的两种不同的状态（对于它们的连接需要一个推理的步骤），毋宁说是，（a）和（b）都是涉及该事件的单独状态。

在水中，笔直的筷子看起来是弯的，和上述在向前移动的房子中，走路由于没有房间移动地快而显得在往后退，这两件事之间的共同点，就是它们与推理、倾向、知识、表征等都没有什么关系。事件的状态，似乎是有机体作为它们应该出现的样子而显现出来，没有其他什么东西（如表征等）被创造出、被拉入等。如果筷子从水中拿出再插入水中，那么它将变成由弯变直，然后由直变弯。这些表现是由于筷子不断地从一个介质（空气）到另一个介质（水）的改变所导致的。

麦克斯和卡若罗（Michaels & Carello，1981）[38] 与肖和特维（Shaw & Turvey，1981）[39] 都认为，生态式的研究进路，应当抵制福多和派恩夏利（1981）那种基于在心理表征推理、割裂感知和行动二者的论证。因为在他们看来，知觉与行动、功能可见性与有效性，都是作为互补物而绑定在一起的，即行动必须和感知一起作为恰当的事物出现才是真实的。

让我们再回到那个筷子插在水中的案例。我们知道，通过物理学的折射理论，可以清楚地解释‘筷子看起来是弯的’这一现象。因此，对于这个现象的澄清，是基于物理学的原因，而不是基于那种福多和派恩夏利对心理表征理论进行错误推理这样的原因。类似地，我们也能找到一些几何学的幻觉，如图 4–3。

在“缪勒—莱尔错觉（Muller–Lyer illusion）”中，由于箭头向外的线段引起距离较大的眼动，箭头向内的线段引起距离较小的眼动，因此前者看上去长一些。而实际上，这两个线段在物理量度上都完全相同。

在“黑灵错觉（Wundt–Herring illusion）”中，两条平行的直线，被许多在

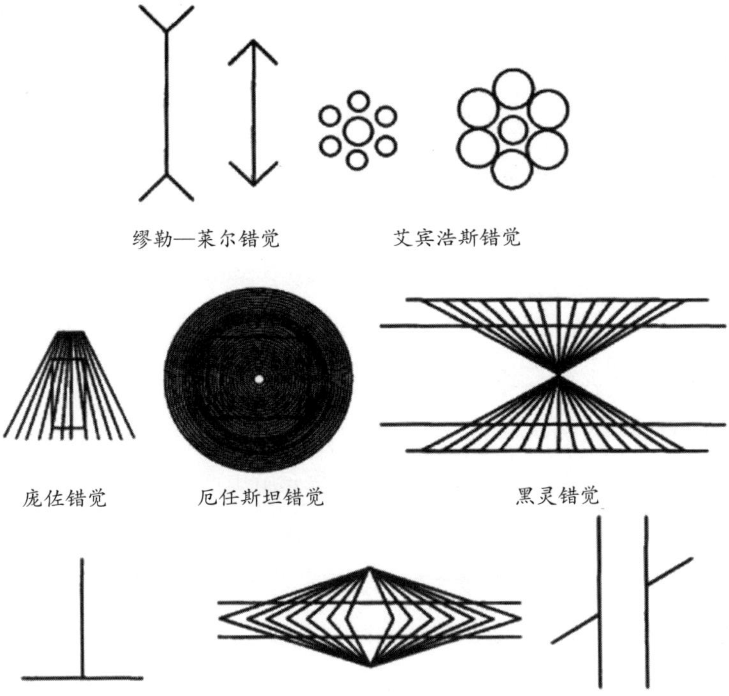

图 4-3　各种视错觉图示

平行线中间相交的直线分割后，看起来这两条平行线显得向外弯曲。黑灵在 1861 年提出这种错觉，受到物理学家和天文学家的重视。

在“波根多夫错觉（Poggendorf illusion）”中，如果一条直线以某个角度消失于一个实体表面后，随即又出现于该实体的另一侧，看上去会有些“错位”。视神经细胞在感受光线刺激的时候，也要受到旁边细胞的影响。

举例来说，“缪勒—莱尔错觉（Muller-Lyer illusion）”在传统上是被解释为检测知觉量度错误的例子。在这个例子中，感知者对物理量度上（比如一把尺子）相同的两条线段，却感知为两条线段不一样长。这个观察适用于人类和苍蝇。而心理表征理论者如福多和派恩夏利就认为，观察者（人类或苍蝇）对从眼睛的光线中所显示的情况（两条线段不一样长，而实际上是一样的）进行了错误的推理。那么，对上述这个知觉错误的解释，它是否有足够的合法性？在下一节中，将会对这种解释做出详细的批判。

测量系统的差异

按照福多和派恩夏利的思路，特维等人（1981）认为，心理表征理论中所谓的错误推理的产生，其理论基础是源于三个方面：①对于描述这个图形，无论测量的适当基础是什么，它都是一个和物理测量装置（该图形就由它来测量）的基础一样的东西。②如果将某感知者作为测量装置的话，那么他对两条线段量化手段的基础，应该与测量该图形的物理测量装置是相同的。③并且，对于这两种测量系统（生物的和非生物的）来说，非生物的测量系统与现实物理世界的状态有关，另外，其测量就会倾向于将“缪勒—莱尔错觉（Muller-Lyer illusion）”作为物理错误来处理，而非一种知觉错误来处理。

从生物测量系统的角度看，这个生物测量系统的存在，就承认和允许那种基于非推理式的有机体（organism-non-referential）测量基础上的选择和测量。

就像之前类似的论证，下面这个论断也不存在任何程度上的心灵与智力因素，即：

基于物理光学的理论基础，我们知道插在水中的直筷子其实不是弯的。

同样道理，我们也可以认为，下面这个论断里也没有任何程度上的智力或心灵因素在里面起作用，即：

基于自然现象的物理基础，带有不同方向箭头的线段，在长度上并非不相同。

通过以上分析，特维等人（1981）的结论是：对于关于筷子插入水中的这个科学任务的恰当解释，就是去解释在表现上的差异，而不是在知觉上的错误。因此，该任务就被化约为这么一个问题：

到底什么物理原则，使得直筷子（完全的）在空气中和直筷子（部分的）在水中的有不同表现？

在对这个问题的回答上，特维等人（1981）坚持了生态式的研究进路，他们认为对于自然测量设备（如人和苍蝇）来说，他们或它们的测量能力是有限的，而这种有限性的测量能力，与物理式的测量能力是不同的，因此在那种可以产生微等级（micro-level）精度的测量系统（它们的精度仅被量子不确定性所限制）与那种主要功能在于对大等级（macro-level）进行测量的精度系统（比如人类与苍蝇的视觉系统）之间，会产生一些测量的差异。

然而，无论生物测量系统还是物理测量系统，其系统内都是允许容差现象的存在，即不存在绝对的精确，只是一种无限的接近与精确。因此，在生物测量系统方面，这种容差（tolerances）是由于眼屈光学（the dioptrics of the eyes）[①]和受体的角分离（the angular separation of the receptors）[②]所造成的。有趣的是，并且也重要的是，这里存在着一个很简单的一阶关系，即在身体高度与视觉分辨率之间的关系，即：

分辨率 $=k/H$。

---

① 光线由一种介质进入另一种不同折射率的介质时，会发生前进方向的改变，在眼光学中即称“屈光”。眼球的屈光系统和感光系统，是保证人们获得正常视功能的两个重要部分，可与照相机的镜头和胶卷相类似。角膜、房水、晶状体、玻璃体等透明组织构成眼的屈光系统，而视网膜是感光系统。要拍出清晰的照片，照相机镜头的焦点必须聚集在胶片上。同样，眼睛要看清楚物体，成像必须恰好聚焦在视网膜上。外界物体的平行光线，经过眼球屈光系统的作用，成像正好在视网膜上，视物便很清楚。用标准远视力表进行检查，远视力在 1.0 以上；30 厘米距离的近视力，也可达到 1.0。这称为正视眼。如果成像落在视网膜之前或之后，视物就模糊，视力也就不好了。这就叫作屈光不正。

② 视觉感受器，即视觉受体，它的工作原理是，只有当相隔一个非刺激椎体细胞的两个椎体受到视觉刺激，人眼才能区别开两个物点。也就是说，由于受到视网膜感觉层内椎体直径的限制，所以人眼的分辨能力受到了限制，感受器理论的分辨力理论极限约为 49″，但实际上还存在个体差异。视网膜对空间信息的处理受到视网膜感光细胞大小的限制。因此，原则上被分辨的两点分开间隔小于 1/2′ 时就不能被分辨。光波动学说中衍射现象表明，即使一个完美无缺的光学系统，点光源经过该系统形成的像也不是一个点像，而是一个衍射斑，称之为 Airy 氏斑。那么说，即使是科学仪器，也存在着容差。而物理仪器与生物测量系统之间的区别就是容差的大小，而没有什么质的区别。所谓错觉的发生，并不是知觉犯错了，而是在量级上的一个层面，就像牛顿力学不如量子力学那样可以说明分子运动，但它仍然不失为我们把握世界的一个真理。宏观意义与微观意义上的区别。

这里的 k 指的是比例常数，H 是身高（克斯菲尔德，Kirschfield,1976）。提到这个的目的是，尽管大型动物（比如人类）眼睛中的晶状体和小动物（比如苍蝇）的复眼在绝对分辨率(absolute resolution)上是不同的,但他们在现实分辨率(practical resolution）上却相差无几。一个大约 2 米的人类看距离他 5 米之外的苍蝇的像素点数量，与一个大约 2 毫米长的苍蝇看另外距离它 5 毫米的另一个苍蝇的像素点数量是一样的。

简而言之，存在着动物身体比例的比例常数，在某个特定的距离内，无论大小动物的视觉分辨率都是一样的。因此，在大动物对有关事物的观察距离就比小动物对有关事物的观察距离要大得多，这是由于根据比例而形成的，那么“缪勒—莱尔错觉（Muller–Lyer illusion）”图像应该是以同样的方式展示给了人类和苍蝇。

因此，特维等人（1981）得出了两个结论：

首先，根据生物系统建立的量度，有时会与非生物系统建立的量度产生冲突，这是因为测量用的两个系统并没有共享一个共同的基础。

其次，在某环境下[“缪勒–莱尔错觉(Muller–Lyer illusion)”朝内打开的箭头]内嵌的一个结构（箭头内的线段），可能与内嵌在另一个环境下（朝外打开的箭头）的相同结构，在大小上表现出有一定的差异。

特维等人（1981）他们用这些结论来支持内在量度存在的可能性与合理性，而且认为这也是作为支持吉布森（1966）的论点，关于线段长度的信息①，并不是简单的指线段长度的多少。[18]，313

① 之前我们强调过，这里“信息”的含义，并不是香农的信息理论中的信息含义，而是吉布森生态光学意义上的信息含义。

作为真实可能的直接知觉

心灵表征理论中“属性”概念的理论矛盾

在知觉概念的使用上，特维等人（1981）认为，“知觉”这个术语，必须只能用于对“有机体—环境”系统中的事件上，而非福多和派恩夏利（1981）所谓的一种使用表征的推理活动。因此，特维等人（1981）向福多和派恩夏利提出质疑：既然知觉在心理表征理论那里属于一种根据心理表征进行的推理活动，那么心理表征理论中的被知觉所获取的“属性”概念到底是如何归类的？这个“属性”是物理的？还是心灵的？

根据这个疑问，特维等人（1981）考虑了这样一个例子：

“Z 感知到，X 具有 a”。

在其中，Z 代表有机体，X 代表环境中某件事物，a 代表该事物的某个属性。在这个事件状态的语境下，对术语‘感知到（perceive）’的使用是合法的，当且仅当，该状态确定了某个“有机体—环境”系统的事件中的一个实际状态。下面就是对其的公式化：

Z 对“X 具有 a”这件事情的感知，其实是假设了一个法则，即 L：

（L）一个周围环境能量属性 e（即光流阵列）会与 a 产生一些联系，而且这个联系是唯一的，并特定地指向在 Z 所处的生态居所中的 a。

给定（L）这个法则，“Z 感知到，X 具有 a”就指向事件的一个实际状态，如果：

（1）X 具有 a 是当下发生的。

（2）由于（1）的存在，某个属性 e 得以产生；并且，（L）对 Z 是有效的。

（3）Z 可以探测到在（2）中被定义的 e。

当（L）和其他两个条件都支持，而条件（3）如果不支持的话，那么我们就得认为是一种‘感知的缺乏’（吉布森 1966;1979）类似地，当（L）与条件（1）支持，而条件（2）（根据 3 的暗示）如果不支持的话，也是类似的情况。但是，对于术语“感知（perceive）”却存在着乱用的现象，比如之前用到的“感知中的错误（error in perceiving）”，和“感知出现失败（failure to perceive）”。这个状态“Z 感知到，X 具有 a”，其实确定了某个“有机体—环境”系统的一个属性，在对（L）和其他三个条件满足的基础上，这个属性就突现或自然而然（emergent）地表现出来了。一个属性，它可以在当下出现，或者不出现；可以存在，或者不存在；但是，一个属性决不能被判断为正确的，或者错误的。

因此，类似于“正确”或者“错误”等具有价值判断的术语，不可以跟属性连接在一起使用。再对比福多和派恩夏利的心理表征理论中的“错误表征”或“错误知觉”这些概念，很明显将价值判断的术语连接到了具有感知（外在事物属性）能力的知觉上来，显然就不合适的；而对于“错误表征”来说，吉布森的理论更是不承认“表征”的存在，更不用说“错误表征”了，这些概念在吉布森（1979）的直接知觉论看来，都是增添认知负担的累赘。直接知觉是可能的，而心理表征理论却把在生态居所内的知觉活动解释得过于复杂，因此是一种与实际的生态事件相反的理论模型，并不能成功合适地解释生态居所内所发生的各种事件。

而下一节中，将在生态的立场中对“属性”的概念进行一种以直接知觉为基础的案例分析。

生态心理学理论中的“属性”概念

特维等人（1981）在研究中描述过沼泽玉黍螺作为一种可以去感知具有提供攀爬行动的事物（如周围的灌木与大树等）。在这个案例中，研究者赋予沼泽玉黍螺这样的描述，即它使一种“能够感知到可提供其攀爬的事物”的动物。在这里值得注意的是，这种用来断定有机体属性的描述，都包含了对环境属性的一个借用。因此，“能够感知到可提供其攀爬的事物”，这就借用了植物茎这类事物的一个属性，而将这个属性应用于对另一类事物（沼泽玉黍螺）的属性的构建工作中。

通过这样的构建工作,我们具有了对于一个可感知到的事物(植物茎)的某属性(可攀爬性）的概念，和一个感知者（沼泽玉黍螺）的属性（即“能够感知到可提供其攀爬的事物”）。而在“能够感知到可攀爬的事物”这个属性中，就嵌入了“可攀爬的”这个属性。

那么，当我们建构了“能够感知到一个可攀爬的事物”这么一个属性的时候，我们实际到底做了什么呢？非常简单，其实就是我们拿出某类事物的某类属性的概念，去构建另外一个事物的另外一类属性的概念。

特维等人（1981）又使用了另外一个例子，来说明这个问题。比如，我们可以构想一个“炸鱼饼是令人恶心的”这个属性，其实就是在描述了一个带有从人类那里借来的属性（即那种令人恶心和呕吐的属性）炸鱼饼。

当然，这并不是将这个人类属性的概念归因于炸鱼饼上。与之前的做法相同，我们都是用借来的某事物的属性，去描述另外一个事物，这种做法被特维等人（1981）以“内涵描述（intensional description）”这么一个术语来表示。

为了更为清晰地解释这个术语，特维等人（1981）又举出了鲨鱼和可食用事物之间所发生的事件这个例子来进行更为详细地说明。特维等人（1981）认为我们也可以构建鲨鱼的这两个内涵描述出来：

（p）“能够感知到食物”。

（q）“能够探测到 F 类型的磁场”。

因为在自然界中，通常我们认为“可食用的”和“磁场”是两个独立的不同属性。然而，对于鲨鱼来说，（P）和（q）并不是鲨鱼的两种不同的状态，而是相同的属性（只是在表达方式上不同）。

而且，（p）和（q）的存在，都是来源于“可食用的”和“F 类型的磁场”这两个属性。那么，按照心理表征理论，我们应该将这些属性的概念归属于鲨鱼。根据这个表述，心理表征理论应该勉强作出如下断言："感知到一个可食用的事物"或者"探测到一个 F 类型的磁场"，这应该被解释为鲨鱼与这些属性的内在表征之间的关系。

按照特维等人（1981）的观点，以心理表征为概念基础的建构论，对鲨鱼与食物之间关系的解读应该是这样的：鲨鱼"感受到一个可食用的事物"，也就是说，鲨鱼跟可食用事物的内在表征之间具有的某个关系。

但是，在鲨鱼的生态世界中，"可食用的"这个意义是基于一种双重互补性关系（即具有属性的鲨鱼中的某个特定属性，与环境中某事物的某种特定的属性之间，这种环境属性与鲨鱼毗邻，可以实现吃的行动和恰当的新陈代谢等）而建立起来的。因此，在"可食用性"的物理分析领域中，这种意义是作为一种对于鲨鱼这个物种而言的功能可见性信息而存在的；"可食用的"这个意义，并不是在鲨鱼身体和心灵之中。但是对于"可食用的"解释，却可以在鲨鱼那里存在。在鲨鱼这边，它是"类型 F 的电场"这么一种属性（在能够通过视觉和嗅觉等探测到的其他属性之中）。并且，鲨鱼关于"可食用性"的外延就是展示出这种属性的各种形式的海生生物。在这个语义学中，一个谓词的外延根据一个借来的谓词而建立起来，比如"能够感知到一个可食用的事物"，这将成为借来的属性的外延的一个功能。

但是我们如何能解释这种属性间的合法关系（它们是通过先前的内涵语境而被间接涉及的）呢？一般说来，在他们的技术形式中，自然的法则既没有清楚地调用因果概念，也没有允许因果之间的分化。举例来说，这些保持下来的法则都是可违反的，或者是具有时效性的。内涵语境（M）就是："沼泽玉黍螺感知到一个可用来攀爬的事物"，挑选了一个合法的关系（在有机体 X 所感觉到的那种"可用来攀爬的"属性，和作为 Z 的去执行感觉的那种"可用来攀爬的事物探测器"的属性之间）。并且，我们有丰富的理由去反对将（M）看作一种许可（被探测到的事物的一个复制，归因到进行探测活动的另一事物之上）。

综上，当我们借用X的一个属性，去建立一个对Z的描述时，我们不能赋予Z一个关于那个属性的概念。要是否认或拒绝这个标准，就会陷入那种将这个概念归因于Z的神经系统的强烈倾向。比如，探测器或者正式装置（结构描述的那种，见第三节），它们本质上都表征了其被感觉到的每一个属性。这个趋势就是建构理论式的：对于Z来说，去看、去探测、去注册、去感知X的属性x，Z必须在某种意义上（或者是概念意义上，或者是神经生理学意义上）首先就具有x。

生态进路的理论形态应该是这样的：类似于（M）的内涵语境，指出了一个动态系统的高度分布的物理活动进程里的一个突现（emergent）的属性，精确地说，这个系统是基于一个有机体（比如沼泽玉黍螺）和该有机体的生存环境（比如海岸潮汐线与植物茎）之间的双重互补性之上而产生出来的。

因此，鉴于建构理论曾经尝试着去给出一个知觉的机制［即，在得到X的属性x后，将其放入有机体的基础之上，从而建立一个类似于（M）的内涵语境的解释］，而生态研究进路则也尝试着去给出一个知觉的机制，但这个机制则是建立在将借来的属性保持在它原来所处的位置上（即在X那里，并没有像建构理论那样从其那里剥夺那种做法）形成的。这样一来，我们还需要生态进路提供出一种用来解释知觉的更为丰富的语义学语境理论，这个理论允许自然法则的存在，将当前属性与动物和环境倾向两者都联系起来，从而去代替那种只与概念和表征向联系的认知规则。

而在后续章节中，本文将会对之后认知科学家们所做的各种对功能可见性更为详细的定义与语义学解释进行详细的审视与讨论。

面向一种意向性的自然基础

生态心理学对意向性的解释

“意向性”最初出现于中世纪经院哲学时期，后由布伦坦诺将这个概念引入到了现代哲学，布伦坦诺将“意向性”看作是心理现象与物理现象进行区分的一个根本标志。约翰·塞尔（Searle，1983）将意向性定义为：

“意向性是许多心理状态和心理事件所具有的一种性质，这些心理状态或心理事件根据意向性来指向、关于或涉及外部世界中的对象或事态。”[40]

根据这个定义，我们可以看出，意向性的本质就在于它使得心灵具有指向性和关涉性，比如信念和意愿等，即它总是“关于”某个对象。这样一来，人或者其他动物就可以与外部世界产生联系。

然而对于自然主义来说，作为具有心理和意识特征的意向性，它无非也只是一种物理意义上的状态。因此，自然主义的任务之一，就是要使用普通的科学概念和术语，来对意向性进行合理的描述，并且将这个概念消解掉，这就是对意向性的自然化工作。所以，任何一个成熟的认知理论，都必须要提供如何解决意向性自然化的问题，而特维等人（1981）就提供了一个基于生态心理学的解决方案。

特维等人（1981）使用了李（Lee，1980a）[41]的一个关于动物捕食的案例来说明意向性。在这个案例中，一只塘鹅向下俯冲扎到水里，用它的鸟喙熟练地戳刺到一条鱼，然后在返回到水面上来。

很明显，捕食行动对任何一种动物的生存来说都很重要。当该塘鹅开始与水面接触时，这只塘鹅就必须进行预先判断：如果它将翅膀稍微迟一点拉出水面的话，那么塘鹅的轻量的空心骨就会被巨大的冲击力所压碎；然而，塘鹅却不能停下动作去减缓这种冲击力，否则它稍一迟疑，就会丢失掉唾手可得的猎物。

在这个案例中，塘鹅好像通过某个意向活动（即意向到身体对水面即将要发生的冲击），而在入水前将翅膀进行回缩。但是，一个未来的事件（即可能并不会发生的事件）如何能够影响动物的一个当下的行动呢？换句话说，这个未来所要受到的冲击，是如何“引起”或者“关涉”在早前时刻的一个运动呢？

乍看起来，这种即将来临的冲击，似乎就是“引起”塘鹅翅膀进行回缩的原因；但是作为生态心理学的坚定支持者，特维等人（1981）则不能接受这种说法。理由是在自然界中，“原因”不应该在“结果”之后才产生；并且，当那些事件是真实的事实时，那么原因绝对不能仅仅成为事件的某种随机的可能性状态而存在。换句话说，无论塘鹅翅膀做出回缩行为的“原因”是什么，它必须在这种回缩行为之前就必须已经存在了！

根据吉布森（1979）和李（1980a），在由塘鹅视觉系统所获得的流动光学阵列（the flowing optic array）里，其中当前实际存在的实物、表面与媒介的分布，这些元素都具体地说明了一个未来遭遇（即与水面进行冲撞接触）的信息。而这个生态心理学意义上的“信息”概念，其实就是动作实现的可能性，即功能可见性信息。在特维等人（1981）看来，这是一个生态光学的属性，而且这个光学属性与“接触时间（time–to–contact）”这个属性具有合生态法则的关系。并且，这个生态光学属性 τ（t，即接触时间）会确定出的某个具体的值。在这个情况下，如果塘鹅可折叠的翅膀处于初始状态，那么当塘鹅获得这些光学属性所携带的信息后，它就能够非常好地进入水中。

因此，按照生态光学的术语与立场，所谓“意向性”，就是具有目标的行动主体按照当前环境下的媒介、实物和表面的具体布局上所携带的光流阵列，对关于行动实现可能性的信息的获取过程，也就是对功能可见性信息进行拾取的过程。

心灵表征理论对意向性的解释

依然使用上节中塘鹅的例子。那么，心理表征理论应该如何解释这个塘鹅俯冲入水抓鱼的事件呢？

与生态光学的解释相反，塘鹅翅膀回缩这个动作的产生，并不是由于对那种与水面冲撞行动可能性信息的拾取；而在心理表征理论中，则是将这个关于冲击可能性的信息，替换为对冲击动作确定为真实存在的心理表征而进行使用。这样一来，塘鹅的翅膀回缩的动作，就与未来可能发生的冲撞毫无关系，取而代之的是一个具体“反事实条件情况”[①]的实际心理表征产生关系。

通过上面的案例，我们可以看出，在福多和派恩夏利（1981）心理表征理论的视野中，塘鹅的视觉系统对外部光学变量的刺激，会导致某个初级心灵状态的出现；然后，从这个心灵状态，移到下一个更为高级的心灵状态（即对当前环境内具体情况的感知）。根据特维等人（1981），这两个心灵状态，实际上就是心理表征理论的两个主张的具体体现，即“动物的物理部分可以与环境的物理部分产生实际的联系”和“动物凭借自身心理成分，可以以某种非物理法则的关系，与周围环境与富有意义和目标的自身行动等联系在一起”。

因此，在这个基础上我们不难看出，心理表征理论的做法就是将意向性还原为某种心理表征。由于心理表征认为外界环境中并不存在意义，事物的意义是由动物通过知觉活动来赋予的，那么根据心理表征理论，塘鹅虽然可以直接觉知到在其身体上的光能量等物理效应，然而并不能对该特定环境中目标事物的意义进行直接地获取。这样的话，该塘鹅就只能从它获得的那些外界刺激信号中，去进行推理活动，然后再得出自己在那种情况下该做哪种恰当的行动。

面对这个结论，特维等人（1981）对福多和派恩夏利（1981）的建构理论进行了质疑，并抛出了一些关键的问题，比如根据反事实的表征，这只塘鹅该如何行动？

---

① 这个反事实条件情况，具体来说，就是“如果我保持这个速度继续俯冲下去的话，那么我肯定会被水面的巨大冲击力撞死”。

如果经历过对水面不恰当的冲撞的塘鹅全部死掉的话，那么某只活着的塘鹅的心理表征的内容，是如何包含了对水面即将来临的冲撞这些内容呢？如果该塘鹅只推理出，现在它正在下落，并且与水面的接触即将到来，那么，根据它所具有的如此精确的推理，这个接触是如何到来的呢？如此等等。

很显然，生命只有一次，用试错法来进行这种问题的探索，显然是不合时宜的。因此，使用福多和派恩夏利（1981）心理表征理论所推崇的试错法，并不能用来处理这种正在进化当中的生物问题（比如塘鹅所遇到的死或者生的情况）。

两种理论互相靠近的涉身认知趋势

涉身认知、心灵表征和功能可见性

自然主义理论的根本目的，其实就是希望能够使用自然主义语言，来论证和说明心灵与外部世界之间的关系。换句话说，即如何使用自然科学的物理式语言，来解释心理表征与外部世界中所刻画描述的对象之间的意向关系。而作为自然主义核心概念的心理表征，就是指心灵中的信念、概念和意愿等。根据福多的观点，心理表征其实就是思维语言中的抽象符号。

既然心灵具有一种思维语言，那么该语言就具有语法规则和语义内容，而心理表征在这种语言中的作用，就是用来对意向状态进行的一种符号标记。然后，心灵再根据意向状态所具有的特定意向内容，使用心理表征这种符号进行一定的计算和推理活动，从而使心灵与外界事物产生一种命题关系。

因此，在福多看来，心灵就是一台计算机，所谓意向过程或意向活动，就是心灵通过对心理表征的操作与计算的过程，来处理由思维主体的心灵输入的一个个思维语言语句，然后根据运算，产生一个个新的思维语言语句，这就是心灵计算理论（Computation Theory of Mind，CTM）。

心灵计算理论的核心观点是，对于外界事物信息的知觉与思维活动，都是人的心灵根据一定的规则，对内在的心理表征进行操控与处理的结果与表现。那么，根据心灵计算理论的这个理论基础，心理表征（mental representation）作为一种可操作的符号对象，便在该理论中处于非常重要的地位。心灵计算理论影响深远，曾延伸至认知心理学、计算机科学、人工智能程序设计等领域。然而时至今日，由于使用表征理论构建起来的一些心灵计算模型的解释力并不如想象般那样强大，与此同时也出现了心理表征理论本身的理论难题，比如错误表征、不确定性和孪生地球问题等。因此，人们也逐渐认识到心灵计算理论的局限性，并产生了一批反表征主义的理论，比如吉布森（1966，1979）的生态心理学理论，即直接知觉理论。

在对心理表征理论进行反思与批判的思潮中，甚至于以表征理论为理论基础，通过计算来研究视知觉信息处理的马尔（Marr，1982），也认为表征理论具有不可克服的理论缺点。但同时，马尔（1982）也认为，“在知觉领域，最接近计算层面的知觉理论就是吉布森（1966）”[42]。虽然马尔（1982）认为吉布森的理论并不重视信息如何在大脑中处理，但在一些方面同意了吉布森理论中关于知觉信息本质是什么的论述。

实际上，许多赞成心理表征理论的心灵哲学家和语言哲学家都和马尔（1982）一样，均在某些程度上追随并认可了吉布森关于知觉信息的理论。举例来说，埃文斯（Evans，1982）在论述知觉信息的时候就使用了吉布森理论意义上的“信息”的解释，即“信息”是一种光线与环境之间的关系性产物。“当某人感知外部事物的时候，他实际上在感知（或者用‘收集’更好）关于世界的信息。”[43]由此可见，吉布森理论中对信息的拾取这个观念对埃文斯（1982）影响之深。而且，米利肯（Millikan，

2000）关于知觉信息的论述中也受了吉布森理论的影响，并认为“吉布森的观点可能是正确的”。[44]另外，德雷斯基（Dretske，1981）[45]和福多和派恩夏利（1981）也在不同程度上赞成了吉布森的信息概念和知觉理论。近来，塞尔（2012）也在一次讲座中讨论了功能可见性信息对行动的影响，并认为“吉布森走在正确的道路上”。[46]

作为对心灵计算理论的反叛与反思，上述这些心灵哲学与认知科学家们尽管都在不同程度上拒斥吉布森独树一格的知觉行动理论，但与此同时，他们都仿效了吉布森的知觉信息概念，来显示自己理论的涉身认知特点，并声称自己的理论是某种涉身式认知。尽管涉身认知理论的起点都大致肇始于罗德尼·布鲁克斯（Rodney Brooks，1991）那篇引用超过 6000 余次的著名论文《没有表征的智能》[47]，但这种涉身的思想的起源，至少应该追溯至自然主义者吉布森（1979）的工作上。因此，吉布森的生态心理学理论才是涉身认知真正的理论来源。这个关于知觉的生态心理学理论主要有两个主要观点：

第一，吉布森（1979）拒斥传统心理表征理论中对外部世界的三维目标进行静态二维化表征的视知觉处理机制，视网膜所获取的静态二维图像表征，并不能反映出感知者对三维物体的真正知觉。而根据吉布森的理论，知觉的最主要功能，就是引导感知者对目标进行合适的行动。

第二，传统理论中将知觉定义为一种感知者的心灵对外界事物赋予意义的心理活动过程，吉布森（1979）认为这种做法导致了心灵（在这里发生了知觉，并且将意义赋予外部事物）与世界（在这里，物理学上的光线，仅仅引起了视网膜的刺激）的联系解释上产生了巨大且不可逾越的鸿沟。而吉布森的认为知觉本身就是直接的，它具有非推理的和非计算式的特点。由于知觉是直接的，那么外部环境中的信息，就可以被感知者直接收集或直接拾取（pick up）。

概其全部，吉布森对知觉的生态式研究进路大致有三个主要原则。

首先，知觉是直接的，这就意味着知觉行为过程中并不包含所谓的计算过程与心理表征的活动。这说明在吉布森的思想中，知觉并不是那种将储存的信息加到感觉之上的内在心理活动。

其次，知觉的主要职责在于为行动提供合适的指引，而并非传统理论意义上的与行动主体行动无关的信息收集。以生态学的观点来看，我们去感知周围的具体的环境场景的目的，就是要去做某种事情，实现某种行动。

最后，根据第一条原则，由于知觉只是对行动作出合适的指引，而不会给感觉刺激加上心理信息（即意义或语义），那么这就意味着，对合适的行动进行有效指引的信息，则必须从当下具体的环境中被直接感知出来。

因此，如果我们将吉布森对知觉研究的生态学进路进行合并，就会得出吉布森（1979）最著名的功能可见性概念理论，该理论在吉布森（1979）中以对二元论的反叛姿态呈现出来。实际上，第三条原则就是对于功能可见性信息的知觉。这种合并推理的思路，大致如下：

如果知觉是直接的，那么心灵的功能就不是为外在对象赋予意义；

如果知觉是用来引导感知者做出合适行为的，那么环境就必须包含了能为动物提供出充足的、并且可感知到的关于动物行动引导的有效信息；

因此，环境必须包括能够使动物的行动具体进行实现的信息；

而具有这种特点的信息，就是功能可见性信息，它能够提供给动物可能行动的机会。

关于对如何更好地理解功能可见性这个理论，哲学家与心理学家们如特维（Turvey，1992）、瑞德（Reed，1996）、斯托夫瑞根（Stoffregen，2003）、策梅洛（Chemero，2003）、策梅洛和特维［Chemero & Turvey（2007）］等都莫衷一是。尽管如此，功能可见性信息理论却被设计师唐纳德·诺曼（D, Norman,

1988）率先使用，后来这一理论被广泛地应用于人机交互（Human–Computer Interaction，HCI）、工业设计等领域，比如诺曼在 1995 年担任苹果公司先进技术副总裁时对智能终端的交互设计上，他通过功能可见性信息这个概念强调了用户体验的重要性[48]，并使得苹果的产品成为目前世界上用户体验最佳的产品。并且，由于近年来出现了一些神经科学实验如科思博拉(Csibra,2007)[49]、布奇诺等人(Buccino et al.，2009）[50]、巴赫等人（Bach、Bayliss &Tipper，2011）[51]、卡多李奇奥等人（Cardellicchio et al.，2013）[52]、可瑞姆－瑞格等人（Creem–Regehr et al.，2013）[53]等的相关实证数据支持，吉布森的理论又在具身认知理论的发展中，体现了强大的理论解释力和重要性。

接下来，让我们转入对涉身认知科学的另一方面情境语义学（situation semantics）理论的讨论。由于涉身认知理论非常重要的用途是应用于计算机对现实的模拟，这样的工作我们可以追溯至巴威兹和派瑞（Barwise & Perry，1981，1983）。然而，巴威兹和派瑞（1981）在他们的理论中，声称情境语义学实际上受到了吉布森知觉信息理论的极大影响和启发。他们的核心观点是，除非我们重视思考者当时所处的空间位置（具体情境），否则我们不能理解意义或认知，因此只能产生出不完全的信息。每个思考者与讲话者都是具体的某人，处在具体的某种地方，并且意识到（aware of）一些具体确定的事物。因此，我们对与索引词（比如“我”“你”“这儿”等）的使用，必须依赖于上下文语境，或者是当事者所处的具体环境。并且，这些索引词其实在认知过程中处于中心地位。这是因为动物以自身的视角在他们的环境中具体地存在着，并实时经历着周围的一切，所以索引词式的思考是无处不在的，非常普遍。然而不幸的是，事物的索引特征并没有在涉身认知科学理论中占有特别重要的地位。

在这些理论前提的基础上，巴威兹和派瑞（1981）发展了他们的情境语义学

（situation semantics），这种理论是为了解释，在这个世界上，实际上存在一些根本不涉及心理表征的意义。在他们对意义的非表征式解释中，具有有意义的思想（如知觉、表达等），与具有心理表征并无关系。思想的意义与语句，其实是一种介之于思考者（或讲话者）与他们所处环境的信息之间的关系，这个定义就与吉布森（1979）关于功能可见性的定义非常类似。

在情境语义学出现之后，布鲁克（Brook，1991）使用了“情境化的（situated）”一词来描述他的机器人。当布鲁克认为机器人处于一个不断变动的世界中，它们不需要使用这个世界的静态表征来进行推理、计划或指引它们具体的行为，他所描绘的机器人是一种情境化的机器人，它们会与这个世界之间产生合乎生态化的互动。因此，机器人在行动时，根本不需要预先存储信息；而且，它在行动时，也不需要对周围事物如何改变做出预测，它只要不断地去行动和重复地检查，这样就可以与世界产生合适地互动。最后，布鲁克用一句口号来表达他这种反表征主义（anti-representationalism）的理念：“这个世界就是它自身最好的模型。”

这个类似于吉布森主义者的对心理表征理论的怀疑态度的表达，可能是布鲁克早期工作的最著名写照。这也使他坚持了这个观点：智能，必须是一种涉身的存在。他认为与真实的世界产生真实的交互行动，这才是智能的标志。具有一个物理组成，这就在本质上保证了智能行为在一个物理的环境中是可以被情境化的。

因此我们可以看出，当前的涉身认知科学，也就是基于这些理论基础和资源而建立起来的，其中包含了机器人学、模拟进化论、发展心理学、知觉、运动控制、认知人工智能和现象学等，这些领域正在尝试着将吉布森、巴威兹和派瑞以及布鲁克斯的计算认知科学结合在一起。尽管涉身认知科学家们还是需要使用表征来解释行为，但他们对这个词的使用时，已经尽量减少了内在计算的过程，而且还经过了各种的加工，使得表征这个词与计算之间的联系并不是那么的紧密。比如，艾格和查普曼

（Agre &Chapman，1987）就使用了“索引—功能式表征（indexical-functional representation）”，米利肯（Millikan，1995）就使用了“双面表征（pushmi-pullyu representation）”。接下来，我们将以米利肯的目的论语义学理论为例，来考察表征理论内部究竟是如何具体地与直接知觉理论互相融合。

融合趋势示例：米利肯的双面表征

什么是双面（Pushmi-Pullyus）表征

“pushmi-pullyus”一词来源于美国作家休·洛夫廷（Hugh Lofting）的儿童小说《杜利德医生的故事》。这本书的主人公杜利德医生具有一种天赋，他能与动物沟通交谈，而且无须借助任何科学仪器。有一天他发现了一种奇怪的动物，这个动物有两个方向相反的头，一个是瞪羚（gazelle）的头，一个是独角兽（unicorn）的头，但却只有一个身子，如图 4-4[54]所示。

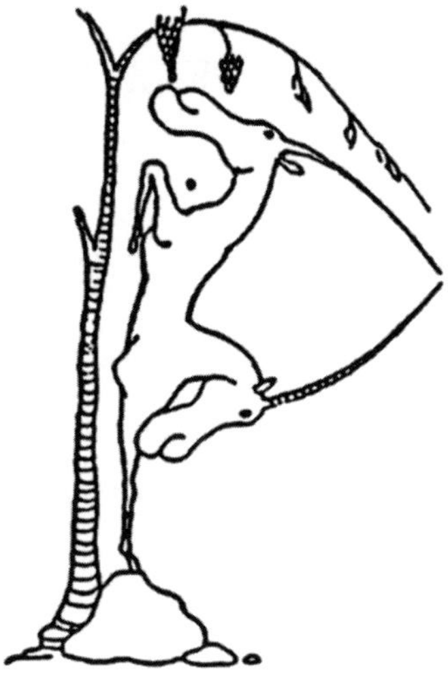

图 4-4　吃果实的 pushmi-pullyus

根据这个有趣的动物，米利肯（Millikan）（1995）发展出一种“pushmi–pullyu表征”，以此来表示思维最初所具有的一种形式。因为在米利肯看来，动物只能靠这种双面（pushmi–pullyu）的态度和状态来表征外部世界。

为了具体说明这类表征的特点，米利肯（1995）使用了安斯康姆（1957）的例子，即在我们去超市购物的时候，有时会在去之前写一个预购清单，这个单据记录了我们需要去买的商品；或者，我们会写一个已购清单，它记录了我们已经买到了的商品。那么，等到了超市后，就对照着自己手上提前写好的清单开始购物。

这个购物清单，就可以被当作是对外部世界的表征：在开始不使用购物清单就去购物的情况下，如果购物车里商品不符合这个预购清单，那么我们就可以说购物车里的商品是错误的。而类似于这样的表征，我们可以称为“指示性”的表征；但我们使用已购清单的话，那么若是购物车中的商品与已购清单不一一对应的话，就说明已购清单就是错误的。而类似这样的表征，我们就可以称其为“描述性”的表征。

除了上述这两种表征，在米利肯（1995）看来，实际上还存在着一类表征，这类表征兼具上述两种表征的功能，即它既是一种“指示性”表征，同时又是一种“描述性”表征，因此她用儿童小说《杜利德医生的故事》中动物来命名这种具有双重功能的表征为双面表征。

但需要注意的是，双面表征并不是由一个纯粹性的指示性表征和一个纯粹性的描述性表征组合叠加在一起而组成，而是作为自然界各种动物最初所使用的简单符号所存在，比如动物的声音、动作等。举例来说，蜜蜂飞舞行动时所形成的 8 字或其他形状，这种飞舞行动的路径形状一方面向其他蜜蜂描述了发现了花蜜的存在，一方面又指示出花蜜的方向。另外，米利肯（1995）还认为在人类的语言中也会出现这种 PP 表征，然而这方面并不是我们要关注的重点，因此在此处就不作讨论。

那么，米利肯为什么要区分这三种表征呢？这是因为，米利肯要解决表征理论的核心问题，即一个好的表征理论必须能够解释“错误表征是如何可能的？”这个问题。

所谓错误表征，就是当人在使用心灵中的概念、信念、意愿等意向状态与外部世界的客观对象建立意向关系时所产生的错误。指示性和描述性的表征都是可错的，然而双面表征是生物的最初表征，它的内容具有很大的灵活性和容错性，因此即使出现错误，也不影响双面表征存在的合理性。举例来说，你在远处看见了一个动物，并相信那个动物就是牛，即将关于牛这个动物的概念与信念与那个动物产生表征联系。但实际上，那个动物其实是马。这时，心灵内部就产生了一个关于马的错误表征。因此，基于双面表征概念的基础上，米利肯（1984，1993）发展出一种“恰当功能（proper function）”的目的论语义学，并以此来解决动物的认知系统如何能出现错误表征的问题。而对“恰当功能”的说明，就是通过这三种表征各自不同的功能和作用来进行阐述的。恰当功能这个概念，指在某个具体的生态环境中，为行动主体提供生存便利和价值的生物性功能。

举例来说，动物的眨眼这种生物性反射便是一种恰当功能，它行动的目的，就是为了保护当某个物体距离眼睛特别近时，所采取的一种眼睛保护措施。而且，很多生物机制也会具有一定的灵活性，这样生物在实际的环境中与行动目标进行交互时，与目标物的匹配（match）会更好，并且还能服务于未来对环境的交互。米利肯举了一个变色龙的例子。由于变色龙的恰当功能具有一定的灵活性和容错性，因此它可以在多个环境下都能很好地（但不是很精确的）做出恰当行动，即变换出与环境相差无几的颜色。因此也可以看出，米利肯以这个概念，来说明变色龙做出行动的目的性，即能够很好地使变色龙隐藏自己的身体，从而不被捕食者发现和攻击。

在这个意义上，基于行动者与当下环境的交互关系中所产生的某个具体内在状态，这个具体的状态使行动者产生某个具体的双面表征。而这个被产生出来的 PP 表征，其作用就是行动者使用这种表征来作为行动的媒介和引导，据此就可以（但并不一定会）做出具有恰当功能特点的合适行动。

功能可见性概念对双面表征形成的影响

从上节内容可以看出，米利肯（1995）就是以这种双面表征概念为理论基础，行动者进而实施恰当功能，来解释对具体环境下行动者对某个目标物做出具体的合适行动。在米利肯（1995）看来，尽管吉布森并不会同意内在表征（inner representation）这种东西的存在，然而吉布森的功能可见性概念完全就是和 PP 表征功能完全一样的知觉表征（perceptual representation）概念。这种知觉表征概念在米利肯那里用作表示在环境中有机体与目标之间的直接关系，具体来说，即行动者在环境中所能做出的行动方式，比如攀登、走路和抓握等。

然而，米利肯仍旧不愿抛弃表征的概念，并将这种方式（即吉布森意义上的功能可见性概念）解释为一种对行动可能性的表征，这种知觉表征就用来服务于恰当功能这个概念，当恰当功能在实际环境中实施时，米利肯就认为行动者在行动时使用了这种知觉表征。

可以看出，在米利肯那里，这种知觉表征也是一种间接的表征。然而这种间接的知觉表征，仍是行动者做出行动时所需要心理推理媒介物。这种表征，相比较于指示性和描述性的表征来说，它是动物有机体与其当下环境交互时所使用的最原初和首要的工具。因此它尽管是推理式的间接表征，然而它与吉布森的功能可见性概念所要表达和描述的目标相一致。在米利肯那里，双面表征用来表示行动者的知觉与行动之间产生了一个耦合的环路，在这个环路里，感觉材料的输入经过知觉表征的处理后，就“直接地”产生了一个具体的行动。

这个思想在米利肯（2004b）那里体现得更加明显，她在描述简单的有机体动物时，就认为这些简单动物只能做出双面表征（这些动物被她称为双面式动物），而这些表征直接会应用在知觉运动环路（perception-action cycle）里，经过双面式的处理后，该简单动物就会产生行动。而且这些动物还会进行学习，通过双面式的处理，这种知觉性的机制链会产生出一个新的功能可见性知觉，这种新的功能可见性知觉就可以当作后备资源来继续产生更新的功能可见性知觉。在这个意义上，我们不妨将米利肯也可看作某种程度上的吉布森主义者。

综上所述，我们可以看到双面表征与功能可见性概念的作用，都是用来说明行动者的知觉和具体行动具有极其紧密的关系。尽管米利肯的理论努力地使用表征的概念来说明知觉与行动的紧密耦合性，但她的理论重心双面表征，还是在尽可能地使知觉与行动之间尽量减少心理推理活动，以使她的恰当功能理论更加接近于吉布森的功能可见性理论。这种从表征理论内部产生的变化，也使得我们看到表征理论也开始受到吉布森直接知觉理论的影响，并且通过双面表征来说明功能可见性概念，两种理论逐渐产生融合的趋势。

第五章

功能可见性的形式化描述与本体论意涵

如何定义功能可见性

根据吉布森生态心理学的相关论述，我们应该将功能可见性当作物理上的真实（real）来理解，它并不仅仅是一种概念上的可能性（conceptual possibility）。这就意味着，功能可见性属于本体论范畴，可参见肖（1982）[55]、特维（1981）、特维（1992）[56]和策梅洛（2003）[57]等人的研究。这样的讨论一直延续在后吉布森的时代，心理学界、哲学界、神经科学界、人工智能界都对功能可见性该如何定义提出了丰富的观点和诸多有益的讨论，并且对功能可见性理论的发展起到了深远的影响。而在当前，对功能可见性的本体论研究主要集中在这几个方向上：补足说、属性说、资源说以及关系说等。

持有补足说观点的心理学家麦克斯、卡若罗（Michaels & Carello，1981）和肖（1982）等认为，吉布森将研究重心放在了什么样的环境或环境中的何物使得动物能够直接感知这个方面。这样做的结果是，对环境尤其是视觉环境的笔墨着力过多，而有些忽视对动物的生物能力、目标需求等方面的关注。基于这个想法，术语“功效（effectivity）”被引入，并对功能可见性这个概念做了补充性修正。动物的“功效”直接指向环境，这样一来，环境的功能可见性信息直接指向了动物。两个概念形成了互补的关系。

在资源说方面，瑞德（1996）[34]认为，功能可见性是环境中的一种资源，也同时是由某些动物能够发现的物体属性，并通过对自然选择的讨论，使对功能可见性的理解与进化论中的某些理论联系起来。

还有一些相当数量的哲学家和心理学家认为，所谓的功能可见性，就是指在某个适合动物栖息的环境中，所存在的一些与动物相关的环境属性，即“动物—环境”系统中的属性，这一阵营中有不少支持者，如吉布森（1979）本人，以及福多和派恩夏利（1981）；赫福特（1989[58]，2001[59]）；特维（1992）；斯托夫瑞根（2000）[60]；麦克斯（2000）[61]等人。

而在关系说方面，策梅洛（2001b）[62]对于以上诸多观点进行了批判性质上的讨论，在策梅洛（2003）中，他把功能可见性看成介于有机体能力与具体环境特征之间的一种关系。并且，这种关系说被人工智能界采用，并且形式化为具体算法，再进行了一些有益的修改，最后应用于MACS计划[63]的功能可见性机器人开发并得以实现。

在之前的故事中，我们已经了解到功能可见性的六个显著的特征，即生态性、关系性、直接性、随机性、独立性和并发性。根据这些特征，我们开始对吉布森以后的心理学家与认知科学家发展出的几种本体论定义和形式化描述进行详细的讨论，并考察这些理论是否全部符合功能可见性的六个本质特征，并在适当修正的基础上，给出了本书的目的地：概率知觉理论。

作为一种 π 值的功能可见性

功能可见性如何被计算成一个 π 值

实验心理学家沃伦（1984）将功能可见性定义为："对于具有某种特定能力的动物而言，功能可见性是某个物体的功能化的可用之物（the functional utility）……因此，功能可见性以动物和环境的物质属性为基础，它会一直存在着，无论是否被动物感知到。"[64],683–703

在文中，他对"楼梯是可爬的"这样一个功能可见性进行了具体的分析，并通过实际的实验数据与测量结果，得出了一个具体的 π 值，使功能可见性第一次得到了具体的量化。而这个无量纲的 π 值，就是在动物身体比例量（measures of body scale）和环境属性量（measures of an environmental property）之间的具体比值。这样，基于他的理论假设，沃伦通过实验结果，并用具体的数值说明了功能可见性在自然界的存在，也说明了功能可见性在环境中是可以直接被感知到的，而这个结论后来也被赫福特（1989）[58]所赞成。

同时，他根据特维（1979）的关于“功效”对功能可见性进行补足的学说，认为存在着一个他称之为“动物—环境动态套件（a dynamic animal-environment kit）”，即一个动物属性和环境属性的集合。而他的实验就是要提供一个“动物—环境配件”对于爬楼梯行为的精确描述。接下来，他的实验针对不同的人，测验了对不同楼梯高度的攀爬能力及效果。那么，他到底是如何通过实验获得的具体 π 值呢?

首先，他用图表示了攀登者—楼梯系统的相关功能变量：

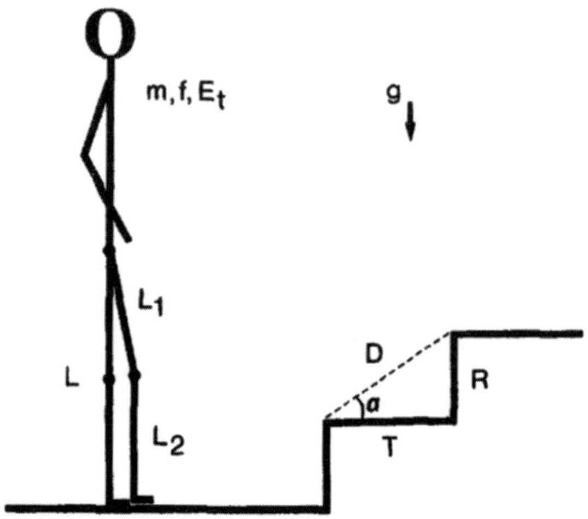

图 5-1　“攀登者—楼梯”系统图示

图 5–1 列出了“攀登者—楼梯”系统的各个变量：R= 台阶高度，T= 台阶宽度，D= 台阶对角线，α = 斜角，g= 重力加速度，L= 总腿长，L_1= 大腿长度，L_2= 小腿长度，m= 身体质量，f= 步伐频率，E_t= 单位时间内的能量消耗。

按照沃伦，这些变量可以形式化为一个函数 β：

$$\beta\ (R, D, L, w, f, E_t) = 0 \qquad (1)$$

当攀登（E_t）作为步伐频率（f）和其余四个固定变量台阶高度（R），台阶斜角（D），总腿长（L）和体重（w=mg）的某种函数时，这个等式表示了一个能量消耗比率。[64],685

然后，沃伦按照吉布森（1979）的表述，要对环境属性进行测量，而这种“测量，则必须与动物有关”。[22],127–128 因此，他认为“一个动物属性 A 应该被当作是测量环境属性 E 的一个标准，如果 A 和 E 用传统物理单位被测量，并且被表示为一个比率的话，那么物理单位就会被约掉，因此这个比率就是一个无量纲（即无单位）的数，它特别地表示一个动物——环境套件”[64],686，即

$$\pi = E/A \qquad (2)$$

所以，“攀登者—楼梯”系统的那个函数 β，就能够以上述方法，转化成一个寻找无量纲的比例这样一个工作。

因此，按照沃伦，这两个相关比例可如下表示：

$$\pi_1 = R/L \qquad (3)$$

$$\pi_2 = D/L \qquad (4)$$

接着，他测验了被试对踩楼梯登上这样一种感知能力。具体说，就是测量从有能力登上台阶到没有能力登上的转变（transition），这个转变就可以看作台阶的一个函数。在接下来的实验中，他又用图来表示攀登高度阈值的视知觉：

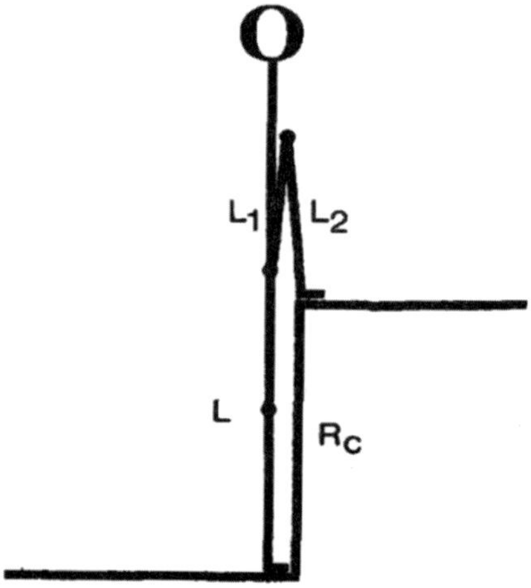

图 5–2　攀登高度阈值的生物力学模型

图 5–2 中的小人展示了被试最理想化的大腿可弯曲度，在数值计算中可以将其视为直角。[64],687 这样，我们就可以知道台阶最大可攀登高度的具体数值，即：

$$R_c=L+L_1-L_2 \quad (5)$$

接着，沃伦将被试者按身高分为两组，并分别对各组被试者的身高、眼高、总腿长、大腿长和小腿长分别进行测量，并分别算出大腿长、小腿长与总腿长的比例，最后代入等式（5）中，即：

$$R_c=L+0.44L-0.56L=0.88L \quad (6)$$

因此，当台阶高度与被试个体的腿长之比（ratio）达到一定值（value）的时候，两个组的被试都会发生转变，即从有能力攀登到无能力攀登，并且令人诧异的是，这个值在两组中同样适用。所以，这个值就是一个具有普适度的无量纲 π 数[①]，因此这个 π 数可以表达为：

$$\pi_c=R_c/L=0.88 \quad (7)$$

① 这有些类似于物理学中用来判别因密度差异造成流体运动的阿基米德数，阿基米德数也是一个无量纲数，也就是浮力和惯性力的比值。

随后，沃伦又在数个实验中，重复检验了 0.88 这个 π 值的固定性，最终他认为这就是所要寻找的功能可见性信息。

最后，上述公式就是我们如何在一个“动物—环境套件”中描述功能可见性的方法，这个 π 值表达了感知者对台阶高度和自身腿长进行了视觉感知后，来判断台阶是否在自己的攀爬能力范围内，即如果攀爬行为的视觉导引（guidance）是成功的和有效率的话，那么感知者就能够感知自己的行动限度和最有效率的行动路径，那么他所直接感知的东西，就是这个作为 π 值出现的功能可见性。

让我们再回到本文在导言中提出的问题：小猫小狗是如何知道，自己能或者不能跳上餐桌来偷吃食物？那么根据类似沃伦的实验，我们也可以测量出小猫小狗身体的物理指标与桌面的高度比例，那么这个问题就解决了。

因此，和数学家把美定义为黄金分割点 0.618、鹦鹉螺上的斐波纳契数列或欧拉公式一样，功能可见性信息在沃伦（1984）那里，便是他所求出的 π 值。可以说，沃伦（1984）的工作，是将功能可见性信息通过实验数据并形式化为一种具体的比值，这种 π 值的重要意义在于，它首次证明了功能可见性信息是与行动者相关的环境中物理属性的客观存在，并且，这种现象学式的概念并不仅仅存在心灵中，而是可以根据通过物理的方法检测出来。最重要的是，在对不同身体条件和年龄段的被试进行测量后，竟然发现结论数据基本都是相同的，即“攀爬性”这种功能可见性信息是一个固定的比值。如果这个 π 值可靠的话，而且这些信息可以被行动者直接探测到的话，那么就意味着，功能可见性信息可以被行动者直接地感知到。

后来，波顿（Burton，1992[65]，1994[66]）、克诺斯等人（Comus、Montagne & Laurent，1999）[67]的很多心理学实验都在沃伦的实验基础上开展，并继续改进测量参数与测量方法，并取得了建立在沃伦（1984）实验之上的很多新结论。

对 π 值理论的反思审视

沃伦（1984）通过实验数据的分析，将功能可见性信息固定为一个 π 值，这对于实验的可重复性与可测性来说，具有非常重要的意义。但是，这个形式化定义却不能满足功能可见性的全部六个本质特征。在本节中，将会根据这些本质特征，逐条考察沃伦（1984）的形式化 π 值理论。

首先，π 值理论满足生态性、关系性、直接性和独立性这四个特征。由于 π 值是根据动物身体比例与环境实物之间的长度比例来确定的，因此这个比例的存在会同时牵涉两个或更多对象之间的交互活动，具有生态性与关系性的特征；而且，这种比例是动物通过对环境的直接知觉得到的，所以又满足直接性的要求；另外，在楼梯实验中，无论行动者是否在场，楼梯的确也提供了适合某些能力合适行动者攀爬的行动可能性，这样看来，这个 π 值也具有独立性，即它在环境中是一个固定的比例，只要动物与环境之间的相关比例符合 π 值，那么功能可见性就可以存在并能被合适的动物拾取到后进行行动的成功实现。

然而，这个将功能可见性形式化为 π 值的理论，并不能很好地说明随机性和并发性这两个特征，这是因为：

第一，固定的 π 值不可能是一个在某范围内的随机数，这样的固定比例并不能描述动物从环境中直接获取足够多的行动可能性，因此 π 值理论并没有能力解释随机性这个特征。

根据吉布森（1979），功能可见性信息会提供给具有一定行动能力的动物适当的行动可能性，但 π 值理论却将动物的诸多行动可能性解释为能否实现一个行动，它并不能给动物提供行动的丰富性，而是将功能可见信息固定为动物身体的某一部分与环境对象的比例，也就是说，π 值只是至多实现了诸多行动可能性中的一个，因此 π 值理论不能满足随机性这个特征。

第二，固定的 π 值只能在非常局限的范围内描述单个的功能可见性信息，而不能同时描述动物对同一实物对象所知觉到的多个功能可见性信息。沃伦（1984）通过实验数据所总结出的固定比例只描述了楼梯对动物的一个行动可能性（即可攀爬的），但动物根据自身能力，可以对楼梯这个实物做出多种行动，比如跳、坐等，而在这些功能可见性信息之间必定会产生冲突。因此，动物根据自己的目的如何进行选取所要做出的行动这一点，只能描述单个功能可见性信息的 π 值理论并不能对并发性这个特征做出合理的解释。

作为一种资源属性的功能可见性

作为一种环境资源的功能可见性

与吉布森类似，瑞德（1996a）也对心灵与行为那种机械式的概念持强烈的批判态度。在他那里，“心理学家以往总是坚持以机械式的原则来为动物与人类的行为构建模型，因此就会忽视掉那些领域中最基本的问题——自发的能动（autonomous agency）”。[68]，10 与吉布森夫妇一致，瑞德认为，能动性（agency）是动物行为的核心特性，所以对这种特性的研究应该在心理学家们和哲学家们的讨论中处于核心地位。

正如之前多次讨论过的那样，传统心理学的研究进路假设意义是内在的，它源自人类的心灵。那么对人类的动机和意图研究，也是在这种假设下进行，这条进路关注人类心灵的各种内在状态，即人类所获得的某种确定的心理状态。而在瑞德的生态心理学研究中，他假设动物的环境是由价值（功能可见性）和意义（信息）所组成的。

进而，基于对吉布森的功能可见信息的概念认同和持续研究，瑞德对意图

（intention）和动机（motivation）进行了一种与以往心理学不同的生态心理学解释。在其中，他认为动物的活动并非满足个体的喜好，而是在寻找环境中的价值和意义。他更愿意将动物的那些活动称之为在寻求“价值和意义之后的功效”[69]，并且这种模式在动物界中非常普遍。

因此，我们不难看出，瑞德（1996a）认为功能可见性信息是一种环境资源。在环境中，动物可以通过发现物体的属性来当作对自己有价值的生存资源。这种理解可以使得功能可见性的概念与自然选择理论联系起来。而的确，瑞德也是这么做的：

“生态心理学的基本假定……就是功能可见性和功能可见性的可用性（或不可用性）创造了在动物身上的选择压力；并且，对于某个具体动物而言，它的行为已经被环境的功能可见性信息所规定。”[68]，18

那么，动物是如何在诸多功能可见性中进行选择呢？瑞德（1993，1996a）提出了他的选择容纳理论（the selective retention）。瑞德认为，意图其实和其他生物现象一样，都是在选择变动中涌现出来的。而意图的施行，则必然带来行动，瑞德将参与选择竞争的基本行动单元表示为知觉行动环（perception actions cycles，缩写为 PACs）。每个 PAC 都能使用一种与所接受信息协调的功能可见性信息，然后根据所选的功能可见性信息的具体可用性，来实现某种具体的行动。瑞德认为，在能给动物提供诸多功能可见性信息的环境中，多个 PAC 进行竞争，意图也会在这种竞争中出现。并且，瑞德还描画了一个类似于达尔文的自然选择进化理论，即“所谓意图，就是那些使用功能可见性的知觉行动的活动进程，在它们竞争中而涌现（emerge out）出来的‘物种’”[70]。接着，这种意图的涌现所导致的结果，便是动物身上所展示出的那种以目标为直接导向的行为，这种意图将在复杂环境中选择信息和功能可见性，并做出有意图和目的的行为①。

因此，在瑞德看来，环境中的资源就是对于动物的选择压力，驱使着它们进化出

① 可参看西塞克和卡拉斯卡（2010）新近提出的行为选择理论，这有些类似于瑞德的理论构想，但这个理论则更多地则是在神经科学领域进行的研究，从而间接地从某种程度上也支持了瑞德的理论假设。

能够感知到那些资源的知觉系统，那些被动物通过进化而感知到的生存资源便是功能可见性。这种对于功能可见性本体论的选择主义学说，其实就是一种资源属性说，这些资源是在动物感知并使用之前就存在于大自然环境中，而功能可见性便是动物进行生存活动时所取用的环境资源。这种理论可如图 5–3 所示。

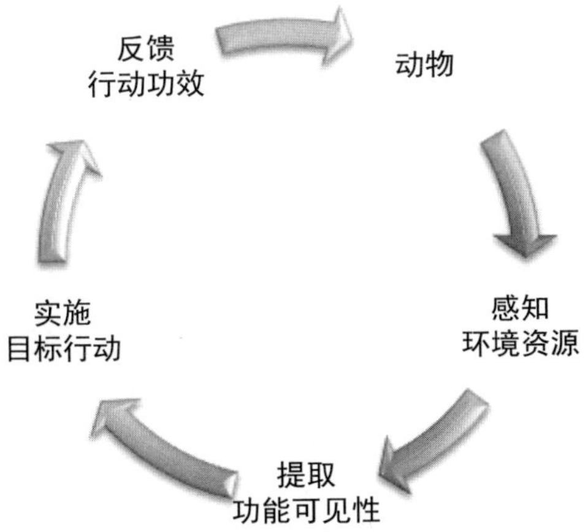

图 5–3　资源环境说图示

从图 5–3 中可以读出，动物在所生存的自然环境中感知到周围的环境资源，然后在环境资源中提取按照动物本身能力所能感知到的功能可见性信息资源，继而根据感知到功能可见性信息资源进行具体行动，最后这种行动功效会反馈给动物本身。很明显可以看出，将功能可见性看作一种存在于环境的资源，来供相应的动物来进行知觉和使用，这种资源观不可避免地与进化论多少有些联系。因为如果动物进化越高级，其生存能力越强，那么从环境中所知觉到的可用资源也就越多。然而，这个定义并不是一个形式化描述，却更像是一个本体论层面上的定义。

特维的环境倾向属性说

作为一种倾向属性的功能可见性

与上述那种强调与自然进化理论相联系的功能可见性资源选择说不同，特维（1992）则更倾向于将功能可见性概念与物理学联系起来，而非上述进化生物学式的选择主义观点。

肖、特维和梅斯等（Shaw，Turvey & Mace，1982）[55]将生态心理学作为一种可能世界语义学意义上的世界观（ecological psychology as a possible-worlds semantics），在其中将功能可见性描述为这个世界的某种“物理的”维度。这个维度与动物的进化和活动能力极其相关，换句话说，这更像是一种在以动物为参照系（animal-relevant dimensions）的维度中，来描述周围的事物和环境。

对持有动力学观点与物理主义的特维来说，世界上不存在那种持久不变的事物，也不存在没有实物的变化，即变化总是某事物的变化，世界上所存在的只是不断改变中的事物。同理，世界上也只存在具有属性的事物，不存在独立于事物之外的属性，也不存在没有属性的事物。因此，全部事物都具有某种或某些属性，概念性事物具有一定的形式，这种形式、谓词等也是属性；一个实体性事物自然就也会具有一定的属性。

而根据吉布森（1977），他对功能可见性进行了一些模糊的定义：

“进一步修正的是，我认为某物的功能可见性，就是该物体那种可以诱发指向动物的平面和物质的属性的具体组合。”[71]

根据特维等人以动物为参照系的世界观，上述吉布森关于功能可见性定义在这里便可被描述为：

“在场景 O 里，如果某个位置或事件 X，和动物 Z 之间存在着某些确定相关的互相兼容关系（certain relevant mutual compatibility relations）的话，那么对于

动物 Z 来说，该位置或事件 X 为 Z 提供了行动 Y。”[72]，182

从上述定义来看，特维等人认为吉布森的功能可见性不是传统的动物状态和环境状态之间的二元关系。反之，功能可见性是一种“三个逻辑术语不可还原的最小形态（an irreducible minimum of three logical terms）”[72]，182。换句话说，这意味着功能可见性涉及了三种意义上的术语，即物体或物理平面的术语，动物活动的术语和能够指向兼容性相关维度的术语。因此，他们对把功能可见性的集合看作环境的生态学定义非常类似于一种功能定义，即相比于回答“环境到底是什么”这种形而上学的问题，这种定义将问题转化为回答“环境对动物究竟意味着什么”。

因此，要是从生态学的（而非物理学、生物学、心理学或形而上学的）观点看环境的话，就是“介于众多功能可见性之中的一个复杂的关系集合，可称之为一个功能可见性结构”。[72]，196 那么相对应的，特维等人认为还需要对动物进行一个生态学式的描述，即一个动物是“由介于众多功效（effectivities）之间的一个复杂关系集合而组成，或者可以称其为一个功效结构”。[72]，196 那么，这个术语“功效（effectivity）”到底是怎样的一种概念？特维等人认为它可以对吉布森的功能可见性概念具有一种互补作用。模仿吉布森（1977）的定义模式，功效被特维等人定义为：

“一个动物（或人类）的功效，就是该动物（或人类）可以诱发指向一个环境的身体器官和组织的功能的具体组合。”[72]，197

同样，该定义可以被描述为：

“在场景 O 里，如果某个位置或事件 X，和动物 Z 之间存在着某些确定相关的互相兼容关系（certain relevant mutual compatibility relations）的话，该动物 Z 可以在该环境位置或事件 X 上产生行动 Y。”[72]，197

这样一来，功效与功能可见性都具有了倾向（dispositions）的属性。其实所谓的功效，就是那种允许动物去使用功能可见性的属性。继而，类似于功能可见性是环境的倾向属性一样，功效便是动物的倾向属性，它使得动物能够去利用环境的功能可见性。

根据特维（1992），功效与功能可见性这两个概念互为补充，不可分离，功能可见性应该是环境的一种倾向属性（dispositional properties）。而所谓倾向属性，就是在某个具体的特定场景下表现出的一种趋势。比如，“易碎的”就是一种普通的倾向属性。我们说某些东西是易碎的，这是由于在某种具体场景下，如果该物体受到尖锐物或者硬物的碰撞，那么它就会表现出一种易碎的属性。更重要的是，倾向属性只有在使这种倾向凸显出来的具体场景下才能被感知到。因此，倾向性属性只是一些可构想的属性，该属性尚未实现，是一种潜在的可能。而只有当它与某个具体的正在实现的环境相匹配的时候，才能由倾向变为现实。举例来说，玻璃杯只有在它可能被打碎的场景下，才具有易碎的倾向属性。如果玻璃杯被放在储满水的游泳池边上，它就算掉下去也不会凸显出易碎的属性；而玻璃杯要是放在离水泥地板有较多高度差的桌面平台边沿上，那么它就凸显出了易碎的属性。

这样一来，如果将功能可见性看作一种环境的倾向属性，那就意味着，我们也要把动物生存的环境，看作这样一种能使某些特定的倾向属性凸显出来的具体场景。举例来说，仅当在某个具体的环境中，存在着一些有进食和消化能力的动物，并且这些动物能够同时感受到存在着可食用的东西时，那么“可食用的”这样一个功能可见性才能是该环境中某些物体的倾向属性。比如，在枯木上生长的蘑菇，如果蘑菇的生长环境周围只有食肉性动物如老虎等，那么该蘑菇对老虎来说，就不具有“可食用的”这样的功能可见性；但如果蘑菇生长环境周围有草食性动物如兔子的话，那么该蘑菇对兔子来说就具有“可食用的”这样的功能可见性。

需要注意的是，特维并没有像瑞德那样，把功能可见性看作选择主义者眼中的那种能对动物施加自然选择压力的生存资源。取而代之的是，他将功能可见性解释为倾向属性，这说明他并非一个选择主义者。与环境资源说不同，“倾向”依赖于某种可能将其实现的具体场景。举例来说，如果没有溶剂存在的话，那么就没有所谓“可溶解的”这样一个功能可见性。油脂弄脏了衣服，那么我们就会用汽油去清洗，即溶解它，将其在附着物上去除。比如我们家中常吃的色拉调和油，通常在家庭中它都是具有“可食用的”这种功能可见性信息，但在汽油中，这种油脂会具有“可溶解的”功能可见性信息。因此，如果功能可见性是一种倾向属性的话，那么它们就依赖于那些可以将其实现的动物。因此，功能可见性的存在与实现，就必须通过这些活动主体来得以补充。所以，仅当一个物体能被吃掉并消化时，我们才能说一个物体具有“可食用的”这样一个功能可见性信息。

因此基于上述解释，特维与瑞德的理论基本相反，功能可见性并不能对动物施加生存的压力。并且，恰恰相反的是，功能可见性是环境的一种倾向性属性，作为补充，功效是动物的一种倾向属性，这两种属性是以互补的形式出现的，当两者在合适的时空相遇时，则会对功能可见性产生一个实现（Actualization），即动物在合适的时空环境内，动物的倾向属性身体功效与环境的倾向属性功能可见性相结合，使得动物以合适的行为施加与合适的物体对象上，继而产生了对功能可见性的实现。反之，如果在环境中的某些属性，没有相对应的动物属性来进行互补的话，那么环境中的这些属性也不能够成为真正的功能可见性信息，因此，特维也认为“互补性会在每个倾向性属性里体现出来”。[73],178

动物在所生存的自然环境中具有一些潜在可以实现的倾向性属性，若是此环境内存在着能够具有利用这种潜在属性的功效的动物，那么两者相遇时便会对环境的功能可见性产生一个实现的作用。特维关于功能可见性的环境倾向属性说可如图5-4所示。

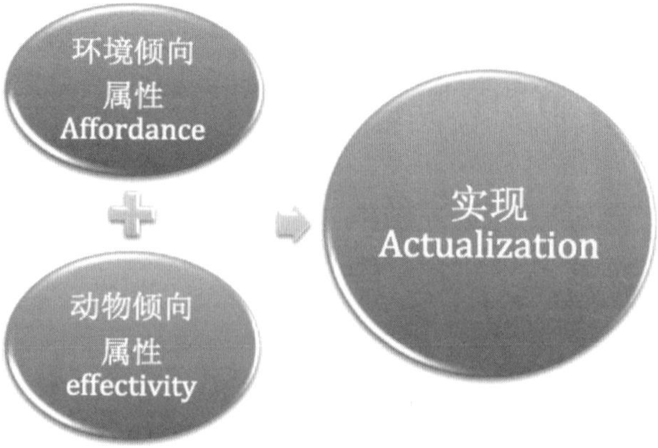

图 5-4　环境倾向属性说图示

对倾向属性定义的形式描述

特维（1992）认为，功能可见性具有以下三个特征：

a. 功能可见性是一个真正的可能性。

b. 功能可见性是一种环境的倾向。

c. 功能可见性与功效这两个概念可以进行互补。

根据a我们可以看出，特维将功能可见性当作潜在行动实现的可能性；而根据b，倾向作为一个事物的属性，是指那种事物所具有的那种尚未实现的、潜在的可能性。由于动物做行动总是要有一个对象，因此这种倾向性属性总是成对出现，所以再根据c，特维（1992）认为功能可见性需要动物方面的“功效”（它反应出动物本身有何能力）这个概念来进行互补。环境的功能可见性，就是指该环境内一个特定表面布局的倾向，它具有一定的恒常性与不变性，因此可以持续地为动物提供某种适当的行动可能性；而动物方面的功效，则是指某个动物按照其能力对功能可见性进行补充与耦合的倾向。

随后，特维根据这三个特征，并以人攀爬楼梯这个简单的案例，对功能可见性这个概念进行了具体的形式化定义，以人攀爬楼梯这个系统为例。其具体步骤为：

令 W_{pq}（比如一个“人——攀爬——楼梯”系统）=j（X_p，Z_q）由不同事物 Z（人）和 X（楼梯）组成。

令 p 作为 X 的属性出现，并且 q 作为 Z 的属性出现。

因此，

p 可以被称为 X 的功能可见性，并且 q 可以被称为 Z 的功效（作为 p 的补充物），当且仅当存在一个第三属性 r，那么有以下：

（i） W_{pq} = j（X_p，Z_q）拥有属性 r；

（ii）W_{pq} = j（X_p，Z_q）既不拥有 p，也不拥有 q；

（iii）Z 和 X 都不会单独拥有属性 r，算子 j 就是作为这个系统下连接 X 与 Z 属性的连接函数。[73],180

那么根据这个定义，功能可见性就是环境中一个特定的倾向，而这个倾向的补足或耦合的那一方面，就是动物方面的倾向属性。在上面所举的“人—攀爬—楼梯”系统中，楼梯给动物提供了“p= 可攀爬的”这样一个倾向属性，而动物则相对环境的这个倾向属性，根据自身的功效（q= 攀爬能力）这样一种倾向属性，对环境的倾向属性 p 做出了补充，即实现了人在该环境（即楼梯）中合适的攀爬行动（r）。

对特维的形式描述的审视

根据上一节，我们知道特维将功能可见性的定义为环境的一种倾向属性。但这种形式化的倾向属性定义却有一些理论上的不足。

首先，根据特维（1992）的定义，在合适的境况下，环境的倾向属性一定会在现实中得以完成和实现。因此，功能可见性这种倾向属性，如果出现在合适境况中，遇到合适的动物行动者，就必定实现出来。然而，斯托夫瑞根（2003）认为这个结论过于极端，因为它会引出一个问题：如果倾向属性遇到合适的境况就必然实现的话，那么多个符合实现条件的功能可见性倾向就必须同时被实现。然而这种情况下，在特维（1992）就必须要有一个过滤器，来过滤掉一些功能可见性信息的实现，从而保证最合适的功能可见性信息的实现。而这个过滤器，就是作为连接函数的算子 j。因此，在一些具体的情况下，这个算子 j 需要一些更为具体和精确的描述，但特维（1992）并没有给出这种具体的描述。

其次，特维（1992）的形式化理论并不能很好地解释功能可见性信息的随机性、独立性和并发性这三个特征。这是因为：

（1）倾向属性其实是一种行动实现的潜在状态，因此，如果条件合适，那么这种潜在状态一定会实现。但是，随机性并不是这种潜在的状态。这是因为，即使在环境、动物这两方面的条件适当的条件下，环境中也会有大量的功能可见性信息不会必然地出现。因此，如果将功能可见性看作一种倾向属性的话，就不能解决为什么功能可见性不会全部实现的问题，这样看来，将功能可见性看成一种倾向属性并不能清楚地解释随机性这个特征。

（2）倾向属性不具有独立性。但是作为功能可见性根本属性之一的独立性，唯一要求就是无论动物是否在环境中，或者无论环境中是否存在动物，功能可见性都会存在。但是这种将功能可见性看作倾向属性的观点，必须使双方进行实际的交互才会实现。因此，如果动物一方脱离环境的话，那么倾向属性就不复存在。但实际上，无论行动者是否存在，功能可见性会一直都存在于环境中。

（3）并发性涉及多个功能可见性信息的并发冲突，而将功能可见性看成倾向属性的话，则不能解释当动物的多个功效属性同时出现时，环境是否会同时实现多个功能可见性；同理，当环境同时存在多个功能可见性的倾向属性时，按照动物的功效倾向，也不能解释是否能够同时实现这些功效。因此，倾向属性论并没有解决功能可见性并发的冲突问题。这个问题同时也是斯托夫瑞根（2003）所质疑的问题之一。

（4）功能可见性的直接性在特维的定义中也没有很好地得到解释。众所周知，功能可见性作为生态心理学的核心观点之一，生来就带有强烈的直接知觉论色彩，因此对功能可见性的定义肯定是要突出此特点。但在特维的倾向属性定义中，功能可见性被定义为一种环境的倾向属性，它需要与动物的倾向属性相结合才能实现。这其中就有一种可能，如果动物要实现一种行动，那么它必须知道三件事情，自身的功效倾向属性、环境的功能可见性倾向属性和这两种属性可以结合的知识。

而实际上，我们可以直接感知功能可见性和动物自身的功效属性。但是，这一点并不能够保证，我们也可以直接感知到二者如何互补和结合的知识。由于这种结合的知识并不是直接感知到的，那么必须是某种基于前两种可直接感知的属性之上的另外一种事物或知识，所以它肯定是间接的，而非直接的。但这又与功能可见性的特性相矛盾，因此这里仍存在着一个大问题。

功能可见性的线性计算模型

通过对上述功能可见性的定义与形式化的了解，功能可见性这个有点现象学意义的概念确实很难被形式化。但是，斯迪曼（Steedman，2002）使用线性动态事件计算（Liner Dynamic Event Calculus）方法，尝试性地给出了一个功能可见性信息的形式化定义。

斯迪曼的形式化思路

斯迪曼（2002）举了个例子，比如一个（可能的非确定性的）程序或命令 α 在整数范围上对一个函数 F 进行计算，我们则可以写成如下形式：

（1） $n \geqslant 0 \Rightarrow [\alpha](y = F(n))$

（2） $n \geqslant 0 \Rightarrow \langle\alpha\rangle(y = F(n))$

其中，第一个等式所表示的是，在初始的 大于等于 0 的情况下，在程序 α 的结束执行之后，都有 y 的值等于“$F_{(n)}$”，在这里 F 是某个在整数上的函数；

而第二个等式所表示的则是，在初始的 n 大于等于 0 的情况下，程序 α 的执行都会以 y=$F_{(n)}$ 的形式结束。

我们可以看到，在第一个公式上，对程序 α 的结束并没有什么进一步的说明；而在第二个公式中，在与第一个公式一样的情形中，就存在着一个以 y=$F_{(n)}$ 形式结束的程序 α 的可能的执行。

斯迪曼（2002）给出了一个例子，比如某人产生一个从房间里出去的想法或计划，就可看作两个动作的组合，即推开门和穿过门，可写为“推′ ；穿过′ ”。接下来，我们有第三个等式，“它是一个程序的组合，它可以被称为序列，并且是事件功能部分的相关运算，可以被看为是从情形到情形的函数。”[74] 这样处理的目的，就是使一个行为引出更大的目标。

（3） $[\alpha][\beta]P \Rightarrow [\alpha;\beta]P$

使用这种符号标记方法，斯迪曼（2002）定义了一个线性逻辑蕴涵，并以开闭门为例，证明了其应用在门上这个对象的可能性，因此，我们得出如下：

（4）关闭（x）⊸ [推(y,x)] 打开(x)

（5）打开（x）⊸ [推(y,x)] 关闭(x)

（6）在（y）里 ⊸ [穿过(y,x)] 在(x)外

（7）在（y）外 ⊸ [穿过(y,x)] 在(x)里

从上面是个命题中，我们可以看出，线性蕴涵的事件终点在上面四个命题中每个

命题的左侧。然后，斯迪曼（2002）解释了这种规则该如何被解读，并且还有一些更进一步的讨论。但我们也可看出，这种被定义的计算，类似于模态逻辑的某种形式，其实并不新颖。如果初始情形能通过

“在里面（你）∧门（d）∧关闭（d）”

这样一个形式而被模型化，那么，把这种模型化的方法应用到上面四个命题中，则可得到：

（8）[推(某人，d)] 打开(d)

（9）[推(某人，d)] 门(d)

（10）[推(某人，d)] 在里面(某人)

但是，请注意，这个不适用于这个情形：

（11）[推(某人，d)] 关闭(d)

接着，斯迪曼（2002）再给出了两个例子：

（12）门(x) ∧打开(x) ⇒可能会(穿过(y，x))

（13）门(x) ⇒可能会(推(y，x))

这两个例子看起来都很直观，就像它们所表示地那样。而在斯迪曼（2002）看来，另外还有一个需要定义的概念，就是可能性关系的可传递属性（transitive property of the possibility relation），那么则有：

（14）可能(α) ∧ [α] 可能(β) ⇒可能(α；β)

斯迪曼（2002）对这个公式进行了解释性分析，在对 α 可能的任一情形中，并且实际执行 α，使你处在另一个情形中，而在该情形里，对 β 的执行则是可能的，那么这就是一个先执行 α、接着执行 β 的可能情形。因此，在斯迪曼（2002）看来，这种“事件序列构成（event sequence composition）”就承诺了某种行动串（the stringing together of actions）可以去创造更高级的行为。如果某主体现在正处于

“在里面（某人）∧门（d）∧关闭（d）”

这样一个可能世界中，那么（12）则可以被看作一个目标，即主体将要去搜索一个合适的系列行动（series of action）来让“出去（主体）”这个效果产生。

该行动计划对其自身存在的证明，其实就是这里的“推”和“穿过”的一个组合，即：

（15）在里面（某人）∧门(d) ∧关闭(d)

（16）可能（α）∧［ α ］在外面（某人）

（17）α＝推（某人，d); 穿过（某人，d)

接下来，斯迪曼（2002）开始使用 LDEC 对功能可见性信息的形式化工作。在讨论中，斯迪曼（2002）使用了科勒（Köhler，1925）[75]对大猩猩工具使用和推理等心理性活动的研究。一个大猩猩具有持续使用某个工具的能力，比如一根棍子，猩猩可以用棍子帮助自己够到它的手够不着的物体。如果在功能可见性信息的视野下，考察这个例子，那么我们可以得出，这个用手够不着的物体，会提供给手里拿着棍子的猩猩一种“可够得着的”功能可见性信息，所以我们就不用将这种行动看作一种推理（planning）。这个例子正如吉布森所坚信的那样，对于无语言的动物，即使它们在进化的链条上离我们人类如此接近。

他认为这是无可争议的：“像可走出的出口（egress）这种功能可见性信息，其实已经模式化在这些动物（大猩猩、猫咪等）内部①，这种状态是通过如某个门等物体对象——概念形成的，而非那种在外面的结束状态而形成。”[74]下面的（18）和（19）便是从（4）和（7）派生而来。在斯迪曼（2002）中，作者用符号“$\rightsquigarrow$”来表示“产生”：

（18）推（y,x）$\rightsquigarrow \left\{\begin{matrix} 关闭(x) \multimap 打开(x) \\ 打开(x) \multimap 关闭(x) \end{matrix}\right\}$

（19）穿过（y,x）$\rightsquigarrow \left\{\begin{matrix} 在里面(y) \multimap 在外面(y) \\ 在外面(y) \multimap 在里面(y) \end{matrix}\right\}$

① 这种模式化（indexed）就有些类似于一种生物性的身体记录或注册（registration）。

由此看来，一个门的功能可见性，是根据一个简单的功能可见性等式而得出的，这个等式就表示了一个关于门函数集，即：

$$（20）\text{Affordance(门)} = \begin{Bmatrix} \textit{推 (push)} \\ \textit{穿过 (go − through)} \end{Bmatrix}$$

然后，斯迪曼（2002）定义了基于功能可见性信息的门模型（door–schema）的门′作为一个函数，接着以从门的功能可见性信息（如可推动、可穿过等）到实施行动后产生结果的方式，将门映射到下面的（二阶）函数中，如下：

（21）门′ ＝λ x 门 · λ p Affordance(门) · px

（22）门′ ＝λ x 门 · Tx

在斯迪曼（2002）中，第二个等式使用一个符号 T，并且定义 Tx ≡ λ p · px，而该定义是：作为一种计算，它可以“让具体某类对象变成一种函数，而该函数可以应用到该类对象上”。[74]

对斯迪曼形式描述的反思

然而，根据在本文看来，斯迪曼（2002）方法的一个缺点是，当行动主体遇到环境中的某客体对象 x 时，这个 x 则与行动主体的函数关系为“Affordance(x)”，这一点毋庸置疑；而问题在于，这种“Affordance(x)”的函数关系应该会对行动主体产生不止一种功能可见性信息。举个例子，如果在我面前有一个苹果，那么苹果对我提供的功能可见性信息将不仅仅是“可食用的”这么一种功能可见性信息，同时这个苹果还是“可扔出去的”“可雕刻的”“可售出的”等诸如此类的功能可见性信息。而斯迪曼（2002）也承认，他对功能可见性信息的形式化定义，只能对被发现的功能可见性信息作出约束和定义，但该系统内部没有可以产生新式功能可见性信息的机制。

因此，他承认基于功能可见性信息门模型（door–schema）的门是可以概括并且形式化一定范围的功能可见性信息，但是人类的能力则远不限于此，按照吉布森对功能可见性的概念，该形式定义的复杂度与解释力还远远没有达到对实际环境中的功能可见性信息做出完全的概括。

一种功能可见性的图灵机计算模型

我们知道，吉布森（1979/1986）所描述的功能可见性概念强调了动物与环境之间紧密交互的关系，但是吉布森的工作主要侧重于对环境信息的分析；然而，其他生态心理学家则强调，相对于功能可见性，动物方面也需要提供一个互补性解释，能够使动物自身对功能可见性具有合适的行动属性，并且以“效应（effectivity）”这个概念来对应于环境中的功能可见性。而且，他们以更加形式化的工作来描述和定义功能可见性与效应之间的关系。肖与特维（1981）认为，功能可见性与效应都是“双向”的，因此他们将“双向性（duality）”作为这种概念框架的基础。

而威尔斯（Wells，2002）则认为，图灵（Turing，1936）所提出的计算模型，其实就提供了一个对功能可见性与效应这二者关系进行解释的计算模型，并且也证明了两者之间的交互关系。威尔斯（2002）将图灵机的瞬时描述作为对功能可见性的形式化定义。在本节中，我们会对威尔斯（2002）的这一形式化进行具体的描述，并且对这种计算模型进行考察与反思。

威尔斯对功能可见性的形式化思路

威尔斯（2002）提出了一个另类的观点：图灵（1936）[76]所提出的计算模型，其实就是一个非常好的功能可见性模型。并且，这个计算模型里面所需要的对象与实体，在威尔斯（2002）看来都是生态学范畴的概念。因此，根据图灵（1936）的计算模型，就可以用来解决和探索在生态心理学中所出现的问题，即用来证明动物与环境之间的互动与互惠关系。威尔斯（2002）形式化思路具体分三步：

首先，对吉布森（1979）的功能可见性概念进行了详细地分析，并总结出功能可见性理论所具有的几个特征。

a. 功能可见性是一个生态学式的概念。

b. 功能可见性是一种关系性概念。

c. 功能可见性是环境的事实，也是行为的事实。

d. 功能可见性的集合组成了居所（Niches）。

e. 功能可见性就是意义。

f. 功能可见性是变量组合的不变物。

g. 功能可见性可以被直接感知到。

继而，威尔斯（2002）考察了图灵（1936）计算模型，并认为该计算模型中的瞬时描述具有七个特征，然后与功能可见性理论的几个特征进行了匹配和对比，发现这个模型满足了功能可见性的全部特征。

最后，威尔斯（2002）根据功能可见性的这些特征，利用图灵的计算模型，为吉布森直接知觉理论的功能可见性进行了形式化定义。

什么是图灵机

图灵（1936）所要解决的是，如何用机器来模拟人类用纸笔进行数学运算的过程。图灵在思考这个问题时，将人的运算过程抽象为两个步骤：

a. 用笔在纸上写上或擦除某个符号；

b. 将笔尖从纸的一个位置移向另一个位置。

图灵构想了一个抽象的计算机器，来模拟上述抽象出来的人类计算过程，这个机器就是图灵机，它由以下几部分组成：

a. 一条存储纸带。这条纸带可以向两个方向无限延长，并且被划分为一个个空白的小方格，每个方格可以写上或者擦除一个数字或字母；

b. 一个控制器。这个控制器里包含了：

1）一个读写头。它可以读取、写入或更改存储带上每一格数字或字母，并且沿着存储带一格一格地左右移动；

2）一个寄存器。它可以存储自身当前的状态；

3）一个控制规则表。它根据机器当前所处的状态，以及读写头所指的方格内的数字，来确定该读写头下一步的动作；并且，改变寄存器当前状态所存储的值，然后机器进入下一个新状态。

在这个抽象机器的基础上，图灵认为可以对可计算的问题进行计算。这台机器显然很简单，但是它又有潜力完成任何机械都能完成的计算，因此这是一种即简单的结构来进行复杂计算行为的机器，即图灵机。

瞬时描述对功能可见性的形式化映射

威尔斯（2002）认为，"图灵对计算的分析，其实就是一种生态式的分析"。[77] 为了支持这个论点，威尔斯列举了两个主要的理由：

首先，该分析中的基础对象——使用纸笔进行计算的人，本质上是一个使用工具来做行动的动物，这就意味着一个生态层级上的对象；其次，该分析对一个关系系统（由一个可以读写的行动主体，使用具有结构组成的操作）进行了形式化工作。

在数学中，所谓一个确定的算法，就意味着在它有限步内可完成的、并且适用于机械式的推理步骤。图灵认为，如果一个算法是确定的，那么就可以设计一个机器（至少在原则上）去实现这种计算活动。因此，图灵分析的实现，其结果就是一系列抽象的计算机器，即上节所定义的图灵机。

然而，威尔斯（2002）认为，每个图灵机都是一个生态系统，换句话说，每个图灵机都有为行动主体建模的组件，和为外在环境所建模的组件。而现在，这些组件可以就用来为功能可见性和效应（effectivity）之间的关系进行建模，具体方式如下：

一个功能可见性（Affordance），［A］，它可以被定义为一个有序对（q, a）：

q 是一个与动物相关的项；

a 是一个与环境相关的项；

［A］表征了一个具体的情境。在其中，有一个具有功能状态 q 的动物，感知到了一个对象实体 a。而在图灵机的理论里，这种有序对被称为“瞬时描述（configurations）”[①]。这样，威尔斯（2002）就把环境的功能可见性这个概念映射到图灵机的瞬时描述上，让它们对应起来。

一个效应（effectivity），［E］，它可被定义为一个三元有序组（b, p, k）：

b 为一个与环境相关的项；

p 是一个与动物相关的项；

k 是一个与动物和环境两者都相关的项，这是由于 k 表征了该动物做出了与某具体环境相关的运动或行为。

［E］也表征了一个具体的情境，在其中，该动物对该环境对象实行了行动 b，并将它的功能状态改变为 p，并在 k 的指引下进行了运动。而威尔斯（2002）的做法，就是把这个三元组映射到图灵机理论中的术语“动作（actions）”[②]上面。

瞬时描述与动作在图灵机中的指令（instruction）[③]里被组合到一起。一个图灵机的指令就是这样的：

（A, E）=（（q, a）,（b, p, k））。

---

① 即图灵机当前状态，读写头位置与纸带当前状态。

② 动作是在某个给定时刻要进行的活动的描述。有多种类型的动作—进入动作（entry action）：在进入状态时进行；退出动作：在退出状态时进行；输入动作：依赖于当前状态和输入条件进行；转移动作：在进行特定转移时进行等。

③ 在计算机技术中，所谓“指令”就是指挥机器工作的指示和命令，程序就是一系列按一定顺序排列的指令，执行程序的过程就是计算机的工作过程。

（A，E）表示了在某个具体情境中，一个动物感知到某个功能可见性 Affordance［A］，并且在［E］中对行为产生了影响。

然后，威尔斯（2002）把一条指令（instruction）当作一个函数 ϕ 的参数，使得功能可见性映射到效应（effectivity）上，这对形式化功能可见性是很有帮助的。若干条指令组合在一起，就形成了一个指令集（即程序），这个指令集就组成了图灵机上的“机器表（machine table）”。它描述了全部的瞬时状态和相关动作，从而定义了该机器。当瞬时状态和动作都用来作为功能可见性和效应的模型时，机器表其实就描述了若干个功能可见性和诸多效应的一个集合。

根据吉布森（1979），多个功能可见性的集合就意味着一个生态居所（niche）。因此，一个机器表其实就是一个生态居所，这也强调了动物与环境两者之间的互补性。而在图灵机中，威尔斯（2002）用与“功能可见性映射到效应”相关的指令集，来说明动物进行行动和行为的方式。由于图灵机是具有结构的，同时也具有动力学特征（即它是可以活动的），那么图灵机就有能力提供动物、环境与行为之间的模型。

在威尔斯（2002）中，他把一个功能可见性信息定义为一个有序对（q，a），其中 q 是一个有限集合 Q（该集合枚举了一个动物的功能状态）中的一个元素。而在图灵（1936—1937/1965）中，Q 集合的元素是一个人类计算机的“心灵状态（states of mind）”的形式模拟。Q 是一个动物功能状态的有限集合，它包含除了心灵状态的其他功能状态。这一点对于图灵机的定义来说是很重要，即这个状态集合是一个有限的集合。

在有序对（q，a）中的另外一个项 a，则表示环境中对象类型的有限集合 S 的一个元素。在原初的工作中，S 是一个符号类型的集合（包括了字母、数字和标点符号）。这是由于图灵所关注的都是数字的计算，因此，我们完全也可以根据这个形式计划，做出其他对象类型的模型。

我们知道，一个瞬时状态（q，a）作为功能可见性映射到图灵机的对象，其中具有两个元素，分别是两个有限集合Q和S中取出的元素。Q是一个动物的功能状态集合，S是一个动物环境中的对象的集合。同时，集合Q和集合S都是有限集合。这就意味着，功能可见性类型的集合，即那种在Q×S之上的二元关系，也是有限的集合。并且，这种限制在效应（effectivities）的元素集合上同样存在。

对一个形式组合E=（b，p，k）来说，则包含了三个项：p ∈ Q 和 b ∈ S，都是作为功能可见性部件，而同属于一个集合的元素。

k代表动物在其所属环境中进行的活动。在图灵（1936–1937/1965）看来，这个环境就是一条分成很多方格的一维纸带。因此，只有三种非常明显的运动是可能的，即向左移、向右移和不移动。

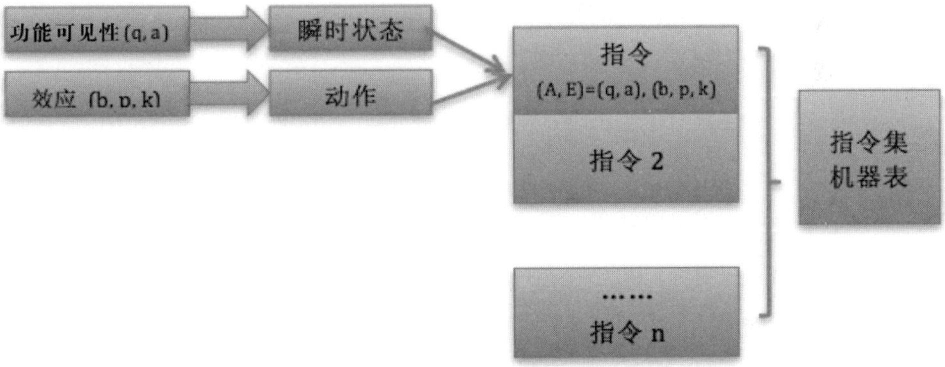

图5–5　功能可见性与瞬时描述匹配的图灵机模型

图5–5粗略地反映了在图灵机背景下，对功能可见性形式化为机器运算中的瞬时描述。我们知道，动物在环境中首先探测到功能可见性，然后会做出合适的行动。按照这种生态分析思路，威尔斯（2002）认为，图灵机的每一步操作，也都包含了它

所处的当前状态和它的环境（纸带）。在每一步中，纸带被图灵机探测到，并且通过扫描方格，读写头对纸带上的符号进行读取，并且按照打印和移动的方式采取行动。而在这个情况下，并没有独立于环境（纸带）的内在处理机制或心灵机制。信息，就是通过对环境的行动而被图灵机存储下来，并非依靠更改机器的功能状态而成。

因此，图灵机被威尔斯（2002）当成是一种介于人与外在环境之间的关系模型，而非那种与环境分离的心灵模型。而且，威尔斯（2002）认为，作为一种关系进路的探讨，图灵机模型还可以起到对计算式的认知科学的批判，并且对生态心理学的哲学基础进行支持的一种模型。

对瞬时描述状态的生态学分析

对于这种形式化，威尔斯（2002）认为瞬时描述也同时具有功能可见性所具备的七个特征。那么，瞬时描述如何能够具有这些特征呢？接下来，我们将会详细考察威尔斯（2002）对瞬时描述的分析。

第一，瞬时描述是一个生态学式的概念。威尔斯（2002）认为，图灵机的瞬时描述也是一个生态对象的模型。类似于功能可见性关注于动物对环境之间感知与行动，瞬时描述也呈现出图灵机控制系统的状态与符号之间的互动，这种互动我们可以很明显地通过环境情况的变化（即纸带上的读写与擦除变化）。

第二，瞬时描述是一个关系性概念。根据吉布森（1979），功能可见性同时指向动物与环境。而威尔斯（2002）认为瞬时描述也同时指向两个地方，即图灵机的某个内部状态和纸带方格上的内容。对于图灵机来说，这个纸带也就是感知信息的来源。这类信息就存在于内在的状态中，但图灵机也依赖于纸带来获取有关运行计算的信息。对于某个具体的图灵机来说，这也是实际存在的情况，即使空纸带，对于某个具体的图灵机来说它也是具有信息的。

第三，瞬时描述是环境的事实，也是行为的事实。根据吉布森（1979），移动是动物在媒介中的基本活动；而与吉布森一致的是，威尔斯（2002）也认为，在纸带上的移动也是图灵机的基本活动。其中，瞬时描述会在一个具体的时间和地点出现，并与纸带上某个具体的方格有关系，因此瞬时描述是一个环境的事实。同时，图灵机系统化的行为，既依赖于图灵机的读写头，也依赖于纸带，同时更依赖于读写头与纸带之间的关系，即瞬时状态。因此，行为就是在这种关系中产生的，而这也就意味着瞬时状态也是一个行为的事实。

第四，瞬时描述的集合组成了居所。按照吉布森（1979），居所这个概念主要涵盖三个方面的问题：a. 动物是如何进行生存的；b. 功能可见性的集合具有确定的统一性与一致性；c. 动物之间会共享一些比较常见的功能可见性。与吉布森（1979）的思路一样，威尔斯（2002）认为图灵机的瞬时描述也具有这些特性。首先，瞬时描述指出了图灵机是如何运作的，而纸带就是图灵机所运作的环境，这个基本等价于动物所栖息的环境。图灵机（动物）的计算（行动）不仅依赖于瞬时状态（功能可见性），而且还依赖于纸带（即环境）如何去使计算开始。因此，在威尔斯（2002）看来，所谓居所，就是栖息地的概念再加上功能可见性的集合；实际上，对图灵机而言，居所就是纸带加上瞬时描述的集合（机器表）。

第五，瞬时描述就是意义。根据吉布森（1979）的论述，功能可见性就是与观察者相关的环境属性，并且是独立于观察者而存在的外在意义。但是威尔斯（2002）认为，这会将观察者的状态带入到对功能可见性的定义中，这意味着功能可见性并不是全部外在于观察者，即吉布森所说的“打破主客二分”，意义存在于观察者与环境两者之中。而且与功能可见性一致，机器某个行动的瞬时描述的意义，可以通过纸带上符号结构与机器的活动之间关系来体现。因此，瞬时描述也是具有意义的，这种意义与图灵机的活动联系在一起。

第六，瞬时描述就是变量组合的不变物。根据吉布森（1979），对于感知者来说，环境中稳定不变的结构就是感知信息的来源。所以，在某个具体的时空里，环境会提供稳定的行动可能性，感知者通过对这种可能性的知觉，就产生与之相协调的行为。威尔斯（2002）认为，不变物这种特征在图灵机上体现得非常明显，因为每个图灵机的瞬时状态就是一组变量的组合，即机器的一个内在状态和一个符号。比如，机器要开始运作，就需要一个初始的状态 q 和一个符号 #，因此（q,#）这个瞬时描述就是这两个变量的不变组合，基于这个稳定的瞬时描述，机器才能运作。

最后，瞬时描述可以被直接感知到。威尔斯（2002）认为，图灵机进行扫描与移动等这些活动，其实就提供了一个直接知觉的形式模型。首先，图灵（1936）在论文中确实涉及了视知觉。图灵机会扫描纸带，并且识别出了方格中已打印的符号。这种对纸带上符号的识别，在威尔斯（2002）看来就是吉布森（1979）意义上的“直接”，因为图灵机在识别纸带上符号的过程中完全没有通过表征或图像等这样的认知媒介。在这个意义上，这种识别活动可以作为动物在环境中直接拾取信息的模型来看待。

通过上面的分析，我们大致了解了威尔斯（2002）如何用图灵机模型来对功能可见性进行建模的。然而，这个模型也存在着一些不可避免的问题与缺陷，比如功能可见性的动态性问题（如形式被严格固定住）、功能可见性的随机性问题（图灵机中不存在概率性）等。

对威尔斯图灵机模型解释的反驳

通过上面的分析，我们大致了解了威尔斯（2002）如何用图灵机模型来对功能可见性进行理论建模与概念匹配。然而，这个模型也存在着一些不可避免的问题与缺陷，如将功能可见性以倾向属性来对待进行建模是否合理和图灵机模型能否为一个生态环境中行动者的连续动态行动进行建模等。其中最重要的是，威尔斯的关于功能可见性图灵机模型并不能解释功能可见性在环境中发生的随机性问题。

第一，功能可见性的直接性在特维的定义中也没有很好地得到解释。众所周知，功能可见性作为生态心理学的核心观点之一，生来就带有强烈的直接知觉论色彩，因此对功能可见性的定义肯定是要突出此特点。但在特维的倾向属性定义中，功能可见性被定义为一种环境的倾向属性，它需要与动物的倾向属性相结合才能实现。这其中就有一种可能，如果动物要实现一种行动，那么它必须知道三件事情，自身的功效倾向属性、环境的功能可见性倾向属性和这两种属性可以结合的知识。

而实际上，我们可以直接感知功能可见性和动物自身的功效属性。但是，这一点并不能够保证，我们也可以直接感知到二者如何互补和结合的知识。由于这种结合的知识并不是直接感知到的，那么必须是某种基于前两种可直接感知的属性之上的另外一种事物或知识，所以它肯定是间接的，而非直接的。但这又与功能可见性的特性相矛盾，因此这里仍旧是一个大问题。

第二，倾向属性其实是一种行动实现的潜在状态，因此，如果条件合适，那么这种潜在状态一定会实现。但是，随机性并不是这种潜在的状态。这是因为，即使在环境、动物这两方面的条件适当的条件下，环境中也会有大量的功能可见性不会必然地出现。因此，如果将功能可见性看作一种倾向属性的话，就不能解决为什么功能可见性不会全部实现的问题，这样看来，将功能可见性看成一种倾向属性并不能清楚地解释随机性这个特征。

而值得注意的是，威尔斯（2002）和特维（1992）并没有将作为功能可见性概念根本特征之一的随机性给予足够的重视和考虑，而是把功能可见性定义成一种属性或一种关系模式。这样一来，功能可见性在这些理论中或明显、或隐含地变成了一个用来判断感知者对目标物是否能进行的某个行动的评判标准：如果行动成功了，那说明该感知者从环境中成功获取了目标物所提供的功能可见性知觉信息；反之，如果行动失败，就说明感知者就获取不到功能可见性知觉信息。然而这样处理功能可见性概念的话，其导致的后果便是我们无法说明在日常生活中所做的那些并非百分之百都会成功的行动，比如有时跑步会磕绊，甚至有时连最简单的走路也会摔倒。倘若功能可见性概念真的被解释为一条行动与否的标准线，那么我们生活中的几乎全部行动都不能被算作功能可见性行动。因此，威尔斯（2002）所信奉和追捧倾向属性理论，并不能为下一步的形式化建模提供一个合适的功能可见性概念定义，那么威尔斯基于该理论的图灵机模型的正确性也就无从谈起。

第三，用图灵机来为功能可见性建模的最大缺陷，在于图灵机本身的机械结构。由于图灵机只能按照机器表中的指令严格地进行机械运算，因此它不能说明生态环境中行动者非机械式的动态连续行动。这种功能可见性式的知觉行动一直处在与环境的动态交互中，因此基于行动者本身的能力与当下环境所处的状况，行动者并不能完全严格机械式并且不出差错地完成每一次行动，因此即使行动者在某个环境下行动失败了，也并不能就认为该行动者没有在环境中直接拾取到环境行动目标为行动者提供的功能可见性信息。因此，威尔斯（2002）的图灵机模型并未能恰当地去说明这种具有概率式成功的功能可见性随机性特征。

综上所述，威尔斯（2002）对功能可见性概念进行了图灵机式的建模，将功能可见性与图灵机中的瞬时描述概念进行匹配，而且认为瞬时描述这个概念符合他自己所认定的七个关于功能可见性的特征，因此图灵机本身可以当作一个对功能可见性概念与直接知觉理论进行完美说明的生态模型。令人遗憾的是，该模型建立在特维（1992）的倾向属性理论对功能可见性的定义之上，然而这个倾向属性定义本身就具有着重大的缺陷，再加上图灵机本身的机械结构，通过分析我们发现，威尔斯（2002）所提出的功能可见性图灵机模型并不能解释功能可见性的本质特征——随机性，因此威尔斯的建模工作基本宣告失败。

不过应该重视的是，用图灵机来为功能可见性进行建模，这件事本身就具有非常重要的意义。威尔斯尽管没有成功，但是这种为功能可见性寻找一个合适的计算模型的建构过程给我们后续的形式化工作带来了经验与教训：即当我们在为功能可见性构建合理模型的时候，必须要先以一个坚实且可靠的功能可见性概念定义来作为理论基础。

作为“动物—环境”系统属性的功能可见性

根据斯托夫瑞根（2003），他把功能可见性定义为“在动物—环境系统中突现属性（emergent properties）”[78], 116。在这个系统中，环境提供给动物行为和活动的空间和条件，正如之前沃伦（1984）所做的实验那样，如果一个台阶与某人腿长之比在一个合适的范围内，那么该台阶就给这个人提供了“可攀登的”属性。类似这样的实验还常见于 E. J. 吉布森（1984[79], 1987[80], 1991[81]）、沃伦和王（Warren & Whang，1987）[82]；奥德建等（Oudejans，Michaels，Bakker&Dolne，1996）[83]等。斯托夫瑞根考察了这些实验结论与过程，认为众多的心理学家在对功能可见性概念的定义上，主要体现在以下两个方向：

第一个方向，功能可见性是一种介之于动物与其生存环境之间的关系，这种关系可以导致动物直接产生相应的行为。这一派的拥护者主要有沃伦（1984）、斯托夫瑞根（2000a）[84]和策梅洛（2003）等人。

第二个方向，功能可见性是一种与动物相关的环境属性，这种属性可以导致动物直接产生相应的行为。这一派的拥护者主要有郎巴多（1987）[85]、特维（1992）、葛瑞诺（1994）[86]、瑞德（1996）和赫福特（2001）[59]等人。

对倾向属性理论的反驳

斯托夫瑞根（2003）认为，无论功能可见性的概念将如何发展，它都必须在其概念内部对“动物—环境”系统做出清晰的解释。因此，斯托夫瑞根（2000a，2000b，2003）对特维（1992）关于功能可见性是一种环境倾向属性的观点提出了批判，理由主要有两点：首先，特维的定义解释力非常有限，并不能对全部案例有效，而且该定义与功能可见性的很多特征不太相符，所以是不完全的；其次，这种倾向属性对直接知觉的概念来说，其实是一种不确定的关系。

接着，斯托夫瑞根（2003）将特维（1992）的功能可见性的形式化概念做了详细的考察，并认为特维作为一个物理主义者和形而上学实在论者，这种实在论假设和理论中的倾向性，也必须是以因果倾向性属性的姿态出现才显得合理。

因此，根据特维（1992）的形式化定义（见上一节），我们可以先从环境中取出一个倾向（即功能可见性，p）属性，再从动物属性里取出一个倾向（即功效，q）属性，并从二者的结合中产生一个实现 r，即提供了一个行动。

但是，在这里我们需要注意，由于 r 的产生是由环境倾向属性 p 和动物倾向属性 q 结合后而生成的，所以，r 并不是一个功能可见性，斯托夫瑞根（2003）将 r 称之为一个功能可见性的成功实现。由于 r 的实现是一个环境属性 p 和动物属性 q 之间的结合，那么我们就可以认为 r 是一个“动物—环境”系统中的属性。

但是，在特维（1992）的定义中，他却是将功能可见性仅仅作为环境一方的属性来看待，而非将其以“动物—环境”系统这个层级上的属性来看待。如果按特维（1992）的观点，即功能可见性就是环境属性的话，那么动物属性与环境属性相结合后，就是功能可见性的实现。然而，斯托夫瑞根（2003）认为这种实现则必须在“动物—环境”系统下谈论才能有意义。但是，由于环境中的两个元素都具有属性，那么这么一整个系统势必也会具有某些属性，但这个整体系统的属性又是什么？特维（1992）的定义中对此语焉不详。

按照斯托夫瑞根（2003）的推论，系统中的两个元素都是物理真实的，都具有属性，那么这个系统也肯定具有物理真实的属性。比如，我们可以考虑一下某个交响乐团里使用的打击乐器三角铁。三角铁又称三角铃，它有边长、有角度，还有颜色和硬度等属性，那么作为系统的三角铁必定也有某些物理真实的属性，比如是等边的，或者等腰的。由此可见，系统的属性（比如三角关系）并不是系统部件的属性之和，而是突现出来了一些其他新的属性。

那么同理可知，在某个具体的“动物—环境”系统中，整个系统的属性也必定与动物和环境的某些单方面属性有着某些不尽相同的性质，这些与动物或环境单方面属性在本质上有区别的系统属性，也就是斯托夫瑞根所认为的“动物—环境”系统中所出现的“突现属性（emergent properties）”。并且，这种突现属性并非在动物或环境的内部出现，而是作为“动物—环境”系统的层级上出现。因此，斯托夫瑞根（2003）认为功能可见性就很有可能是“动物—环境”系统层级上的系统属性，而非特维（1992）所定义的一种环境单方面的倾向属性。而且，策梅洛（2003）也持有相类似的立场，即认为功能可见性是一种动物与环境的关系，而非环境的单方面属性。

接着，斯托夫瑞根（2003）还认为，倾向属性的第三个特征是有问题的。因为特维（1992）这样写道：

“当倾向性与合适的情景相结合时，倾向的属性就一定会实现。倾向加上合适的情景，就等于现实。”[56]，178

这段话清楚地指明了，动物和环境的互补属性之间的结合，绝对会产生一个被提供的行动。

然而，斯托夫瑞根（2003）认为还有这样一种可能性：即在很多场景下，许多行动是可能的，但其中的大部分却没有实现，这就是一个巨大的理论问题，而在特维

（1992）的理论承诺中，这个理论问题并没有提供解决的方案。

实际上，我们很容易就可以想象出，动物在某个环境中可做出行为的数量，其实是无限多的，比如猫咪或狗狗面对一张桌子可以有很多行为，它们可以绕着桌子互相追跑，可以穿过桌子腿蹿来蹿去，也可以用身子去蹭桌子腿来挠痒痒，更可以跳到桌子上偷吃碗里的肉。

然而，类似猫咪或狗狗的这些多种的行动可能性，很明显绝不会按照特维（1992）那样，只要四肢健全而且健康活泼的猫咪或狗狗一遇到这种既可以从下面钻过去，又能跳上去的桌子时，它们就要把上述的那些行为统统做一遍。或许那些猫咪或狗狗碰见桌子时，只是走到旁边，然后倚着桌子腿趴下休息。

所以，斯托夫瑞根（2003）认为这就意味着动物的行为并不是全部都可能实现；而且，动物也不能将一些互斥的行动在同一时刻内实现。比如，在一张可躺可跳的弹簧床上，在一边玩弹跳的同时又在睡觉，在一段可走可坐的平面上，在跑的同时又在坐着等诸如此类。实际上，我们也可想象出，动物和人类会自动屏蔽掉大多数那些可能的、但在某个具体的场景下并不需要去做的那些行动，而只会做那些一小部分他们可以做、需要做的事情。比如，我嘴里的牙可以啃东西，有一天我发现狗窝边有块可以啃的骨头，这不意味着我就要去跟狗争那一块骨头去啃；再比如我电脑里有很多电影可以让我看了很愉悦，但这并不意味着我打开电脑时马上就打开电影来观看。

因此，在斯托夫瑞根（2003）看来，“对于生物来说，具体的动物属性与具体的环境属性相结合，实际上并不会导致被提供的行为被无意识地实现出来。功能可见性实际上是某人必须要做的事情，而非他实际能做的事情。”[78], 119

当然，特维（1992）也发现了这个问题，并且尝试着去解决它。他的方法是，在动物具有多种属性和复杂环境条件下，就需要有一个类似“过滤器”的东西，来从这些环境和动物的属性集里，筛选出动物一个特定的倾向和环境的一个特定倾向来进行结合。可以将这种过滤器以如下形式表示，即：

环境功能可见性集：{A_1，A_2，A_3…}+ 过滤器过滤 = 某个具体的符合动物需要的倾向属性记作 A_n；

动物功效集：{E_1，E_2，E_3…}+ 过滤器过滤 = 某个具体的适合场景条件的倾向属性，记作 E_n；

那么，

$A_n+E_n=R_n$。（特定环境属性与特定动物属性的结合，最后实现符合动物目的的特定行动 R_n。）

但遗憾的是，特维（1992）在文中并未详细说明这个过滤器到底是什么，它的运行机制也语焉不详。因此，他以两种倾向属性的结合，来对功能可见性做出定义的方法，对在众多的功能可见性集合里面，挑出符合场景下动物需求目的的功能可见性然后再予以实现，这个做法实际上并不成功。并且，这个理论的具体实现，又及其依赖过滤器的作用，但这个过滤器在功能可见性的定义中并未出现，基于这个原因，这个定义并不能解释特定的功能可见性是如何在全部可能的功能可见性中是如何突现出来的。由于在环境里总是有各种各样形式繁多的功能可见性，所以斯托夫瑞根（2003）认为，特维（1992）的定义对任何一个真实的案例都不具完全的解释力。

上面的分析说明了，特维（1992）的做法并不成功，即功能可见性并不能被定义为一种简单的倾向属性。

斯托夫瑞根对功能可见性的新形式定义

特维（1992）认为，突现属性只能存在于行动实现的机会当中。但是，斯托夫瑞根认为"动物—环境"系统就具有这种突现属性，并且在实际的行为之前就已经出现了，因此它具有先在或先天的性质。在桑德斯（1997）看来，特维用动物和环境属性来作为功能可见性的本体论基础和承诺；而在斯托夫瑞根（2003）那里，他用“动物—环境”系统来作为对功能可见性的本体论基础和承诺。

因此，在以上对特维（1992）的批判中，斯托夫瑞根（2003）认为功能可见性是一种“动物—环境”系统的相关属性（如突现），并且他基于以上观点，给出了一个新的功能可见性作为突现属性出现的形式化定义，即：

令 W_{pq}（如一个“人—攀爬—楼梯”系统）=（X_p，Z_q）由不同事物 Z（人）和 X（楼梯）构成。

p 和 q 的关系为 p/q，这个关系定义了一个比 p 和 q 在层级上更高阶的属性（如一个“动物—环境”系统的属性），即 h。

h 可以被看作是 W_{pq} 的一个功能可见性，当且仅当：

(i) $W_{pq} = (X_p, Z_q)$ 拥有属性 h；

(ii) Z 或者 X 都不能单方面拥有 h。

根据斯托夫瑞根（2003）的这个形式化定义中，功能可见性是“动物—环境”系统的属性，它只存在于“动物—环境”系统这个层级上，它并不包含行动的实现，因为根据上述形式化定义，功能可见性只是行动的可能性和机会，它是“动物—环境”系统中那种可以决定做什么行动的属性。

为了更好地理解这种形式化定义，让我们回到沃伦（1984）爬楼梯的例子。某人可以独立分开地识别出环境的属性（楼梯的平面大小宽窄可供落脚；在踩踏楼梯时，按照牛顿经典力学，楼梯会给人一种向上的反作用力）和动物自身的属性（在上楼梯时运动的动力，楼梯与自身身高、腿长的比例等）；那么，他也可以用类似的方式直接识别出“动物—环境”系统中的属性，即行动可能性，也就是功能可见性。

在沃伦（1984）的实验中，动物的相关属性是生物力学的，如被试者的体重、腿长等，但斯托夫瑞根（2003）认为功能可见性的动物属性并非仅是生物力学的方面，还应包括被试者身体的力量、柔韧性、技术、信念、情绪和心理状态等，这一系列物理和心理的因素等都属于动物的属性。

接下来，斯托夫瑞根（2003）还定义了什么是行为（behavior）。他认为，所谓一个行为，其实就是功能可见性和意图或目标出现互补式结合后，所发生的结果。该定义为：

令 $W_{pq} = m(h, i)$；

m 是一个心理学上的选择函数。①

h 是不同的功能可见性集合（如 c，爬楼梯的可能性；e，吃饭的可能性；f，拿起水杯的可能性）；

i 是不同的意图或目标集合（如 s，上到楼梯顶的意图；l，吃饭的意图；b，喝水的意图）。

那么一个具体行为 b（爬楼梯）的出现，当且仅当：

一个功能可见性（比如 c），和它的互补意图或目标（比如 s）共同出现在一个时空连续体的某个相同点上的时候。

一般来说，功能可见性都是被描述成约束行为的实体对象。那么究竟是什么在约束着行为？我们知道，环境的属性并不能约束行为，所以楼梯的高度并不能够约束被试者的行为。按照沃伦（1984），动物和环境属性的关系才会约束行为，比如楼梯高度和腿长之间的比例，这才会约束行为。由于动物和环境之间的关系的结合，就出现了“动物—环境”系统中的突现属性，因此在斯托夫瑞根（2003）看来，动物的行动是由“动物—环境”系统中的这些突现属性来约束的。

对斯托夫瑞根形式化定义的审视

通过上一节的形式定义，斯托夫瑞根（2003）克服了特维（1992）形式化定义

---

① 选择函数是一个函数 f，其定义域 x 为一堆非空集合组成的集合，且对每一个在 x 内的 S，f(S) 会属于 S。换句话说，f 会在 x 的每一集合中选取一个且只一个元素。

的一些缺点，并将功能可见性看作“动物—环境”这整个系统的突现属性，但这种形式化定义仍然存在着一些不可克服的困难。

首先，功能可见性是否可以作为一种属性存在？这一点被策梅洛（2001/2003）所质疑。策梅洛并不同意将功能可见性看作是如上述特维（1992）、瑞德（1996）和斯托夫瑞根（2000，2001，2003）等人所说的环境属性；即使退一步说，就算功能可见性是属性，但至少功能可见性中的成分不总是属性。而且，策梅洛（2001）还认为功能可见性并不在环境中。在他看来，根据斯托夫瑞根（2003）的结论可以很容易推断出，所谓的环境属性，则肯定是某个环境内具体事物的属性。这种被定义的属性，在策梅洛（2001）那里，被他称之为“谓词属性（predicational properties）”。[87]

这种谓词属性是这样使用的：当我们在言说某种具体对象的某种特定属性时，就能以固定的模式使用它。比如，“西瓜成熟了”。这句话中，存在一个具体的物体，即西瓜；这个西瓜上有具体的属性，即成熟。这就意味着将谓词属性“……成熟了”应用到物体“西瓜”上。因此，按照斯托夫瑞根（2003）等人的理论论述看来，“……成熟了”便是一个谓词属性。这就意味着，特维（1992）、麦克斯（2000）和斯托夫瑞根（2000/2001/2003）等人把环境属性仅仅看作环境中某个具体物体的属性，或者是“环境—动物”系统的属性，并且这些属性就是由环境提供的。

策梅洛（2001）认为，属性论将功能可见性处理为一种谓词属性，这其实犯了一个很大的错误，即他们将功能可见性当作环境属性，并且将环境属性全部处理为谓词属性，这就完全忽视了环境属性中也存在非谓词属性的可能性。因为环境中还存在着这么一类属性，即这些属性在环境中也很广泛，它们存在于整个环境中，而非简单地依附于具体环境物体的属性，比如刮风、打雷和下雨等天气环境的属性，这些都属于非谓词属性。策梅洛（2001）就举了一些具体的例子，如“这是下雨天”“这里太冷了”“现在是晚饭时间”等。

在每一个例子中，属性都是环境的属性，并不存在什么具体的环境物体对象。因此，这个语句形式“这里如何如何（It’s X.）”就是一种语言哲学中被称作“地点特征（feature placing）”的语句（Clark 2004），这些语句“没有专名、没有确切的描述，没有量词……就是简单地指出某特征的发生位置”。[88]并且，策梅洛（2001）也有类似的看法，他认为“这些句子的作用，就是去表明在某个环境里存在这某种属性”[89],114，但是他后来又补充了很重要的一点，即这种属性的存在，并不意味着它处于环境中的任何一个物体对象里面。

据此，根据这种属性论的观点，用上述语句形式来描述斯托夫瑞根（2003）的观点，就可以表示为“现在环境中出现了……”，而这句话其实就在表示环境的特征，而非特维（1992）、麦克斯（2000）和斯托夫瑞根（2003）等人所说的环境属性。换句话说，即如果某人说现在环境中出现了某些事物，那么他所说的便是整个环境下的一个地点特征，而不是环境中某个个体本身的谓词属性。因此，策梅洛（2001）所要表明的结论，便是我们所感知到的功能可见性其实都是地点特征，由于这种特征并不是属性，因此任何一种将功能可见性看作某种属性的学说都是错误的。所以，我们需要重点注意地点特征与物体的可感知属性之间区别，因为这种区别会直接关系到对功能可见性的知觉问题。

其次，斯托夫瑞根（2003）将功能可见性看作“动物—环境”系统属性，这种属性论与特维（1992）的属性论一样，都具有生态性、关系性和直接性等特征，但是这种属性论也没有满足之前提到过的随机性、独立性和并发性这三个特征。

第一，如果将功能可见性作为“动物—环境”系统中突现出来的系统属性来看待，那么在此系统条件充足的情况下（即存在合适的动物在具体环境中存在）下，就会突现出这种属性。但随机性并不意味着必须出现，根据吉布森（1979），功能可见性是一种真实的可能状态。这是因为，即使在环境、动物这两方面的条件适当的条件下，环境中也有大量的功能可见性并不会必然地出现。因此，如果功能可见性是一种系统突现的属性，就不能回答为什么功能可见性不会全部实现的问题。在这种条件下，与特维（1992）的属性论一样，这种突现属性论并不能清楚地解释随机性这个特征。

第二，突现属性论也使功能可见性不具有独立性。根据斯托夫瑞根（2003）的定义，功能可见性必须在“动物—环境”系统的合适条件下才能出现；而功能可见性的独立性特征，则要求无论动物是否在环境中，功能可见性都会存在。因此，如果动物一方脱离环境的话，那么“动物—环境”系统就不复存在，这样一来功能可见性也就不会在这个系统中突现出来。然而，实际上无论行动者是否存在，功能可见性会一直都存在于环境中。

第三，并发性涉及多个功能可见性的并发冲突，而斯托夫瑞根（2003）的定义并没有对这一问题做出回应，因此在突现属性的理论下，就不能解释当多个功能可见性同时出现时，环境是否会同时突现出多个功能可见性，并且它们之间的重要性又要如何进行对比和选取；因此，突现属性论作为属性论的一种，其实也没有解决功能可见性并发的冲突问题。

作为一种关系存在的功能可见性

策梅洛对功能可见性的新定义

在策梅洛（2001）看来，将功能可见性作为一种属性来定义这个结论是成问题的，因为该结论忽视了对策梅洛所强调的对地点特征这一重要因素的识别，所以属性论也不能对地点特征问题的存在做出合理的解释。因此，策梅洛（2003）认为，在我们讨论功能可见性时，一定要把特征（feature）和属性（properties）区别开来。本小节将详细考察策梅洛（2003）关于功能可见性的新定义。

策梅洛（2003）认为，功能可见性并不能仅仅作为环境的属性而存在，功能可见性其实是整个场景（situation）的特征。当然，我们也知道，动物通常是这些场景里的关键角色，因此要感知整个场景中的某些事物，与动物分离而仅仅去感知某些环境因素则是不可能的。因此，斯托夫瑞根（2003）认为，功能可见性必须是“动物—环境”系统中的术语，而并不仅仅是属于环境的。但在策梅洛（2003）看来，功能可见性其实是一种特殊的关系。

作为一种关系而言，这种关系必须要有一个关于功能可见性的逻辑结构，这个是他的本体论的基础和主题。

首先，策梅洛（2003）认为功能可见性具有如下结构：

“Affords—Φ（环境，有机体），其中 Φ 是一种行为。”[57]，186

可以看出，上述结构的含义，就是指“Affords—Φ”作为一种关系，存在于“环境”与“有机体”之间。换句话说，就是指某个具体的环境对某个有机体承担着具体行为 Φ。这也就是说，功能可见性是各种关系，我们可以比较一下类似的关系。

比……重一些（iPad，iPhone）

这个关系指的是 iPad 比 iPhone 重一些。首先，在这个关系中，仅有的对象就是这两个电子设备。这个关系“比……重”并不在两者中的任何一个的内部中体现，这种关系的存在，其实是要依赖于它们两者。Affords—Φ 这个关系就类似于这种“比……重”的关系：它并不单单依赖其中的一个，而是它们两者。

其次，对于极端经验论者来说，任何可感知的事物都是真实的。而功能可见性跟我们通常所说的“事物”含义其实是相同的，即它的存在也是可感知的，和“iPad 比 iPhone 重”这个事实一样。尽管功能可见性不像平常意义上的事物那样实在，但把功能可见性作为一种关系来看待，似乎也是可行的。因此，关系是可感知的，功能可见性就是真实存在着的一种可感事物。

但是，作为存在于有机体与环境之间的功能可见性，上述的形式定义其实并不完整。比如，环境的哪个或哪些方面与有机体的哪个或哪些方面产生了关系？而这种关系到底是什么类型的关系？如果功能可见性是关系的话，那么去感知功能可见性，这件事究竟意味着什么？针对这些问题，策梅洛（2003）就必须使功能可见性具有一个更为丰满、解释力更强的定义。因此，策梅洛（2003）需要解释两个问题，即功能可见性的环境相关物（the environment relata）和有机体相关物（organismal relata），它们到底分别是什么？

对于环境的相关物，策梅洛（2001）是这样解释的：感知功能可见性其实就是在感知地点特征（placing features），并且，具有该特征的某个场景，会提供给此场景下的有机体一种或一些确定的行动可能性。因此，策梅洛（2003）认为“环境的相关物必须是特征，而非属性……场景并不是什么具体事物，而特征也非属性。”[57], 187 而且，策梅洛（2003）认为这一点与特维（1992）的观点“这里只存在具有属性的事物”[56], 176 这一论点恰恰相反。

接下来，我们看看策梅洛（2003）如何解决环境相关物的问题。他首先评述了沃伦（1984）的论证。[①]由本书对沃伦（1984）的研究可知，沃伦假设了动物的某些方面的情况（比如身体），可以决定出环境能提供给该动物哪种有用之物。而这种有用之物，在策梅洛（2003）看来，就是在功能可见性 s 关系中的有机体的相关物，再详细一些，就是动物的身体规模和比例。他在对爬楼梯的功能可见性进行研究的时候，就把台阶最大可攀登高度与个体腿长之比量化为一个无量纲的 π 值。那么“可攀爬的”这个功能可见性现在就可以被看作一个数字的比例。类似这样的研究，后来还有一大批科学家（Jiang & Mark，1994；Mark 1987；Mark，Jiang，King & Paasche，1999）在重复和创新，并且他们认为所测量的

① 详情可见本文前部分关于沃伦（1984）对爬楼梯进行的开创性的实验。

具体比值就是功能可见性。基于这些讨论，策梅洛（2003）把功能可见性表述成如下关系：

Affords—攀爬（我的腿长，所抬高度）[57]，188

显而易见，在这个关系里，无论我的腿长和所抬高度之比在某个确定的范围内是多少，或者大于 π 值，或者小于 π 值，但是这个关系肯定是可感知的。但在策梅洛（2003）看来，这样的做法是有问题的。策梅洛（2003）认为，我们“必须清楚认识到，身体比例对能力来说，只是一个非常简单并且能够量化的替身。而实验科学家在试验中将身体比例与施动者的行动能力等同起来，这就是根本性的错误”。[57],188 有趣的是，他认为哲学家肯定不会犯这种错误，因为在哲学家们的视野中，功能可见性 s 的动物相关物，并不是那种简单的无量纲 π 值，而是有机体依靠功能可见性所作出的行动功效（effectivities）。①

尽管身体比例很容易量化，但它对于能力的测量来说，这种量化的比值仅仅在某些情况下管用；而在大多数情况下，身体比例与能力之间，其实并不存在一个紧密的联系。这种例子其实随处可见。比如，美国 NBA 历史上身高最低的球员“强盗”蒂尼·博格斯（Muggsy Bogues）他的实际身高只有 1.60 米，但是他可以毫无压力地进行扣篮和封盖对方的投篮；无独有偶，在 1986 年 NBA 明星赛的扣篮大赛中，人称“小土豆”的斯伯特·韦伯（Spud Webb）以 1.68 米的身高与超高的弹跳能力，一举摘下扣篮王这个冠军称号。从图 5-6 中可以看出，韦伯的身高仅仅达到马努特·波尔（Manute Bol，2.31 米）的腰部，而篮筐高度约为 3.05 米，但是他们二人都可以轻松地完成扣篮动作。有趣的是，当年他们效力于同一支球队，即华盛顿子弹队，二人一时被传为佳话。

这种情况的存在，如果用心理学家所测的那种无量纲的 π 值来说明的话，恐怕是无法合理地解释这种现象。

① 参见特维（1992）；瑞德（1996）；斯托夫瑞根（1999/2003）等在上文中的讨论。他们都把功效作为 Affordance 研究的一个很重要的参数和对象。

根据这个推论，策梅洛（2003）以凯瑟里（Cesari，Formenti，and Olivato，2003）等的研究，对他的推论提供了实际可靠的证据来进行支持。无独有偶，这篇论

图 5-6　NBA 历史最大身高差球员

文也对爬楼梯功能可见性进行了研究，并通过对小孩、青年人和老年人爬楼梯的行为参数做了对比与模型分析。最后，研究结果认为，功能可见性并不是被试腿长与所抬最大高度之间的比值，即沃伦（1984）所计算出的无量纲 π 值，而是个人的攀爬能力与大腿所抬高度之间的一个关系。

在凯瑟里等人（2003）的研究中，参与者被要求确定他们所认为自己所能爬上的最大高度，这个高度在研究中表示为“被感知的抬脚高度（perceived riser height）”这个变量，然后参与者将被要求作出如下三个步骤，d 即被试的脚尖到楼梯台阶底部的距离；h_s 即台阶高度；l 和前两者形成了一个直角三角形，l 即直角三角形的斜边，α 即直角三角形中的内角。如图 5–7[89] 所示。

开始，从离楼梯 4 米的地方开始慢慢前进，就好像他们要准备上楼梯一样；

接下来，在楼梯台阶面前停住，如图 5–7 所示。

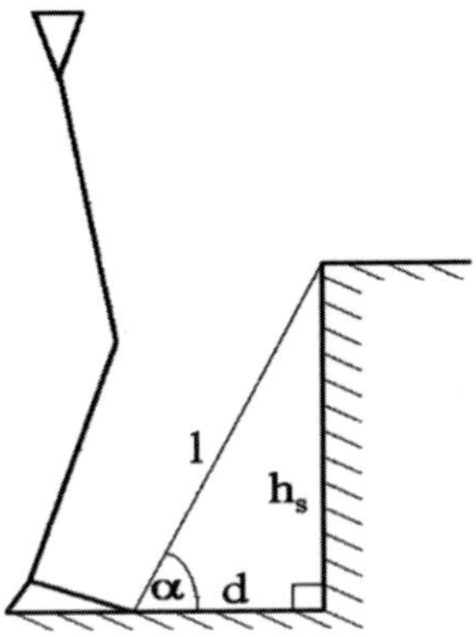

图 5–7　被试在楼梯前面的矢量图

然后，抬脚上台阶。

在这里，被试在面对楼梯台阶准备登上之前所停的位置，这个位置与台阶的距离，就是一个很重要的变量，即上图中的 d。随后，研究者对三组不同年龄段的人群（即小孩、青年人与老年人）的 d 值进行测量，后来发现这个 d 值与三组被试的抬脚高度之间的比例是相同的，那么也就是说，这个 d 值与他们所能登上的最大高度之间的比例与前一个比例是相同的。

那么，这个比例就是楼梯攀爬能力的一个函数，而并不是沃伦（1984）所说的腿长与楼梯的比例。那么，认为对于攀爬楼梯这个功能可见性而言，其有机体相关物就是攀爬的能力，而实验结论也证明了老人与青年之间的能力是不同的。因此，对于同样一个台阶，如果这个台阶的高度超过了 d 值与台阶高度的理想比例的话，青年人就可以感知到功能可见性的存在；而面对同样一个台阶，老年人或小孩却感知不到功能可见性。

因此，策梅洛（2003）根据这个实验结论，认为“功能可见性就是介于有机体能力（the abilities of organism）和环境特征（features of the environment）之间的关系”[57], 189。

随后，策梅洛（2003）认为功能可见性具有如下的结构：

Affords—Φ（特征，能力）[57], 189,

然而，任何关于功能可见性的本体论都需要解释如何感知功能可见性 s。对于生态心理学家（极端经验论者）来说，知觉就是被概念化为介于感知主体与被感知物之间的关系。基于功能可见性的概念，策梅洛（2003）把这种关系看作如下形式：

感知行动（Perceives）［动物，affords– ϕ（场景特征，动物能力）］[57], 190。

尽管，动物感知到的就是这个功能可见性 s 关系，而非构成它的相关对象实物。因此，策梅洛（2003）认为，功能可见性的知觉结构如下所示：

感知行动（Perceives）［动物，ϕ 的 Affordance］[57], 190。

在这里，为了更好地理解，我们还是回到前面已经多次论述过的攀登楼梯台阶的例子。我们平常几乎天天都会上楼梯，但我们平常每个人在感知到自己能登上一个台阶时，其实并不会很在意自己的攀爬能力或抬脚高度。然而，伴随着训练和心理学实验那种提示性提醒，如凯瑟里等人（Cesari，Formenti，和 Olivato，2003）的实验那样，我们就能感知到自己的能力和环境的特性。同时，策梅洛（2003）也认为，大多数非人的动物，则根本不具备这一能力。

这个“能力”，也解决了本书一开始的问题，即为什么我们对某种东西有种既熟悉又陌生的感觉，那是因为我们本身具有操纵或使用那种东西或事物的能力，因此即便是第一次遇到，也能感受到该物体对自己的功能可见性。举例来说，当我们小时学会骑自行车后，对于从来都没有尝试过的摩托车，也会产生这种跟自行车很相似装置的“熟悉”能力，并感觉自己也会骑。

对策梅洛关系理论的考察

通过上一节，我们对策梅洛（2003）的形式化定义进行了比较详细的论述，该形式化定义将功能可见性看作一种环境场景特征与动物能力。相较之前的定义，这个定义有着哪些优势？它是否精确定义了功能可见性？它又是否满足了功能可见性的六个根本特征呢？本节将会对这些问题做出回答。

策梅洛关系理论的优势

通过对策梅洛（2003）定义与之前理论的比较，该定义具有以下优势：

（1）如果功能可见性是一种关系的话，就能体现功能可见性随机性的特征，由于它是一种真正的可能性，那么就不存在属性论中那种凡是功能可见性就必须实现的理论负担。根据特维（1992）的理论，如果当前环境存在着某些行动的潜在倾向，那么这种活动就必须从潜在倾向转变为一种行动的实现。然而，这在策梅洛（2003）看来则是一种理论压力和负担，可以通过行动者的“能力”这一术语，就可以去掉这个沉重的理论负担。这是因为，能力是一回事，而对能力的实现则是另外一回事，具有能力，并不意味着一定会去实现。

举一个非常简单的例子，有一个身体正常的人走在平坦的马路上。如果按照特维（1992）的理论，那么在这个具体情境下，马路就具有“可以正常行走”的功能可见性，而对应于行走其上的人而言，我感知到了这个功能可见性，就意味着我必须做出“可以正常行走”的功效，这种潜在的倾向必须得以实现。换句话说，我确定一定以及肯定会正常行走，绝不会跌倒。但这种情况，就像牛顿经典力学中的思想实验一样，在现实中绝对找不到。实际上，按照我们实际的生活经验，我们即使走在平路上，也会因为分神或其他什么原因会跌倒，因此特维（1992）的倾向属性理论并不能很好地解释实际发生的情况。但是如果像策梅洛（2003）那样，将这种沉重的理论负担（即在合适条件下，潜在倾向必须实现）去掉，那么能力说则可以很好地解释上面的例子。

而且，米利肯（1984/2000）的观点和理论分析也非常支持策梅洛对能力的看法和论述。米利肯（1984）认为，生物有机体的器官具有恰当功能（或合适功能，proper function）[①]，这种功能具有其内在的规范，具有一些恰当功能（即策梅洛的能力）的有机体，在一些特殊的条件下就会进行相应的活动，但同时，米利肯也强调这些功能有时也会出错，并且这种出错是正常的，因为恰当功能就是允许出错的。恰当功能允许出错和失败，这一点在策梅洛（2003）看来特别重要。让我们再回到上一个例子，一个正常的人行走在平坦的马路上，这个人具有可以正常行走的能力，但并不意味着这个人在这种理想条件下不会偶尔跌倒或摔一跤。

因此，我们可以把策梅洛（2003）所谓的动物感知与行动的“能力”看作如上段所述的米利肯（1984）动物的功能属性。这种功能属性，依赖于个体动物的发展史，和整个物种的进化史。尽管，在与以前一样的环境中，这些能力也有可能由于某种原因，使得动物产生疾病或功能机体失调从而不能实现正常的功能；但是，这些功能属性的正常执行，使得动物行为对能量的浪费更为经济有效，并且帮助该动物或该物种在自然中存活、繁衍和壮大。由此看来，策梅洛（2003）的关系说比较好地满足了随机性

---

① Millikan, R. G. (1989). In defense of proper functions. Philosophy of science, 288-302. P288. 米利肯认为，某物A要具有一个恰当功能F的话，就需要至少满足以下两个条件之一：第一，A作为一些先在事物的“复制”（比如一个拷贝），这些事物在过去时间上已经执行过这种功能，并且A的存在还依赖于这些功能的执行。第二，A作为一些先在设备的产品而存在，在某个具体环境下，A以恰当功能的方式来执行F，并且在这种环境下，用生产一个类似A的方式来使得F正常地被执行出来。由于这个概念比较复杂，这里仅简单说明一下，米利肯（1984）曾用了整整两章的篇幅在介绍这个概念。

这一特征。

总之，通过对动物能力（作为功能可见性 s 关系中的动物相关物，和动物身上的功能属性）的讨论，策梅洛（2003）很好地解释了，为什么在某人完全健康的条件下，地面也很平坦，气候也很好的情况下，某人走路时仍然会有跌倒情况的发生。相反，这种理论优越性在倾向性的解释下，则是不可想象的。正如前面很多次已经提到，在倾向性的解释中，这种行为在合适的条件下必须无差错地实现。

（2）策梅洛（2003）把能力看作功能属性而非倾向，这使得功能可见性在生物进化的过程中起到了积极的作用。

由于功能属性的引进，并且功能可见性也部分地由功能属性所构成，那么功能可见性将于进化产生联系，从而使得进化史不可避免地成为了功能可见性理论要面对和讨论的内容。但这样并不会让我们再回到选择主义者如瑞德（1996）那种把功能可见性看成给动物造成进化压力的资源。这是一个积极的特征，而非选择主义者那种消极的观点。如果功能可见性 s 是选择主义者所说的控制选择压力的资源，那么就不能如吉布森一直所提倡的那样，即把环境看成是动物的居所（即各种功能可见性的集合）。而选择主义者的观点，就是功能可见性 s 主宰着动物的进化史。而基于策梅洛（2003）的观点，功能可见性其实就是动物与环境之间的黏合剂，它通过正常的物理环境来显示出选择的压力，这种显示必然伴随着动物感知此压力能力的提升，而使其在自然界中尽快占有生存的优势。

（3）策梅洛（2003）的理论也支持了功能可见性具有独立性这个特征。瑞德（1996）将功能可见性概念当作一种资源来讨论，这种讨论运用选择压力来回避了这个问题，认为功能可见性无疑是存在的，即使没有动物感知它们时，也是存在的。沃伦（1984）、特维（1992）和麦克斯（2000），他们都认为功能可见性必须由动物方面的功效来对这个概念进行补足，那么功能可见性这个概念在缺乏动物那边的相关补足物时，还是否存在就不是很明确了。

对于策梅洛（2003），如果按照他所说功能可见性是介于动物能力与环境特征之间的特殊关系的话，他也要面对这个问题，在他看来，他认为功能可见性的存在在某种程度上，要依赖于动物的在场。由于这个问题必须得回答，因此这个问题即变成了：在哪种程度或哪种意义上，功能可见性是依赖于动物的？

功能可见性脱离动物是否可以存在

策梅洛（2003）以丹尼特（1998）对可爱的事物与可疑的事物的讨论，来说明功能可见性可以独立存在。

举个例子，动物园中的雌河马是可爱的，即使从来没有雄河马见过她。她一直都是可爱的，以防万一哪天如果某头雄性河马真的见到她，他就会发现她是可爱的。这个例子的关键在于，“可爱的”，如果某事物要具有它的话，就依赖于一个潜在的观察者，而不是一个实际的观察行动。然后，再以这个例子对比一下“可疑的”。要成为可疑的，那么确实必须有某件具体实在的事物被怀疑，可以的需要一个实际的观察者。那么，根据上面的例子，我们可以得出，要回答“功能可见性脱离动物到底是否存在？”这个问题，则取决于功能可见性究竟是可爱的，还是可疑的。

根据策梅洛（2003），在他看来按照定义，功能可见性是“可爱的”这种类型。即使没有动物存在，场景的特征也会如它本身那样存在着，只要具有合适能力的动物存在于这个场景内的话，那么它肯定能感知到这个环境中的功能可见性。即使附近没有动物存在的话，这个环境也会给它提供着一些东西。

所以，即便没有场景内的动物去感知或使用功能可见性，它也不会消失。因此，策梅洛（2003）认为功能可见性就是一些真实的实体对象，它们可以被客观地研究和习得，并且功能可见性绝不是动物在感知时所产生的想象，它绝对不是虚构的事物。

然而，功能可见性仍然会依赖于能够感知到它们的动物的存在。在这种世界观下，意义是实在的，意义（功能可见性）是世界的真实的一部分，它不仅仅在我们的头脑中，意义并不是知觉间接论所论述的那样，是人为赋予的。

基于策梅洛关系理论的机器实现 MACS

由于策梅洛（2003）的功能可见性关系理论具有很多优点，并且非常容易形式化，因此 MACS 计划①就使用了该理论，来设计机器人行为的内部逻辑结构，而且在实现后也有很好的行动效果。这个计划的目的，就在于考察功能可见性这个概念如何能够改变自动机器人控制理论中流行的一般观点，并力图发展一个基于功能可见性为理论基础的机器人控制体系。在这一节中，将会对这种功能可见性关系理论如何能够实现做一些具体的考察。

对功能可见性的三个观察角度的分析

萨辛等人（Şahin，Çakmak，Doğar，Uğur 和 Üçoluk，2007）研究认为，由于忽略了对视角的差异，以往对功能可见性定义的理论都产生了一定的混淆；所以，在进行功能可见性定义的时候就必须先得弄清楚，功能可见性都可以从哪些视角或维度中直接被感知到，不同的视角和维度所感知到的功能可见性都有哪些差异。经过考察，他们认为实际上存在着三个不同的视角与维度来审视功能可见性。通过这种区分，从而就可以澄清之前各种理论对功能可见性定义的混淆。这三种视角，具体可以用图 5–8 [63,457] 来描述。

根据图 5–8，我们很明显可以看出，这个场景分别是由红球、机器狗和机器人三个实物组成。在这个假设的场景中，机器狗与球进行了交互活动，而这个行动同时

---

① MACS 计划：其全称为 Multi-Sensory Autonomous Cognitive Systems interacting with dynamic environments for perceiving and using affordances（感知和使用 Affordance 与动态环境交互的多传感自动认知系统）。

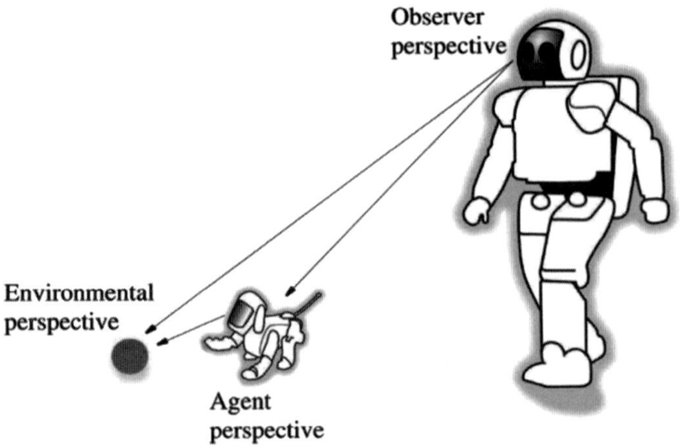

图 5-8　感知功能可见性的三个不同的视角

也被它旁边的机器人也观察到了。机器狗与球进行互动，而旁边观察的机器人独立于“狗—球”这个系统里。因此，根据生态心理学，整个系统内就具有三个功能可见性的视角，即行动主体（即机器狗）的视角、环境（即红球）的视角和观察者（即机器人）的视角。接下来，萨辛等人（2007）就根据这三个不同的视角，指出在这三个视角中，功能可见性具有怎样的不同定义。

在图5-8中，按照机器狗的视角，机器狗就会具有一个“推动能力（push-ability）”的功能可见性，而行动主体视角是最为重要的视角，因为这个视角直接涉及机器人视觉的自动控制；按照红球的视角，它会提供一个“隐藏能力（hide-ability）”的功能可见性给正在接近的机器狗；最后，按照观察者的视角，即存在一个第三者来观察环境内的一个交互系统中的活动。在上图中，机器人就会观察到在环境中（即机器狗—红球系统）存在着一个“推动能力（push-ability）”的功能可见性。

基于策梅洛的新形式定义

根据上述这三个不同的视角，萨辛等人（2007）对策梅洛（2003）的关系理论定义进行了拓展与改进，并得到了一个适合机器人控制的功能可见性的新形式定义。

首先，萨辛等人（2007）同意策梅洛（2003）对功能可见性的定义，认为这个定义可以成为新定义的基础，即：

定义 1　“一个功能可见性，就是基于它所处的环境与行动主体两者之间的互动关系。”[63], 458 因此，这个定义可以被表示为：

（环境，行动主体）

根据策梅洛（2003）的术语，他将这种关系的两方看作“环境的相关物（environmental relata）”和“行动主体的相关物（agent's relata）”。

基于这个定义，萨辛等人（2007）用“对象（entity）”这个术语表示功能可见性的环境相关物，也即策梅洛（2003）所使用的（环境）的“特征（features）”这一术语。而对于行动主体相关物，萨辛等人（2007）选择了“行为（behavior）”来表示，因为行动主体与环境产生活动的唯一方式就是做出行动。而且，基于这种活动的实施，会在动物与环境这个系统下产生一个确定的效果。更具体来说，也就是一个确实的“行为”，施加在一个确定的“对象”上，就会产生一个确定的“效果”。根据这个“效果”的实际存在，萨辛等人（2007）对功能可见性进行了第二次定义：

定义 2　“一个功能可见性是一种可获得的关系，这种关系介于一个确定的效果和一个（对象，行为）组之间。当某个行动主体施加某个行为于对象的时候，就肯定会产生出某个效果。”[63], 458 因此，萨辛等人（2007）将这种形式化定义为：

（效果，（对象，行为））

萨辛等人（2007）举了个例子，如果一个机器人通过机械右手来举起一个黑色罐子，那么这个行为就可以被形式化为：

（被举起，（黑罐子，用右手举））

如果机器人举起的是其他颜色的罐子，并且用右手举的话，那么就可以用集合来表达这个形式化：

（被举起，<*– 罐子 >，用右手举）

通过以上的形式化可以看出，当某个效果确定时，很多对象与某个行为可以有不同的组合，都可以实现等价的效果。

根据这个思路，当某个行为被确定时，那么上式就可以继续被形式化为：

（被举起，<*– 罐子 >，< 用 *– 手举 >）

在这个形式化里，我们可以看出，当行动主体以不同的行为，施加于不同的对象时，都可以产生相同的效果。

进而，再来讨论不同功能可见性时的情况。在实际情况下，要实现一个效果，其实也可以通过不同的功能可见性来完成。萨辛等人（2007）举了这样一个“可通过”的例子：

（通过，（< 路 >，< 行走 >））

（通过，（< 河 >，< 游泳 >））

根据上式，无论是在我们在路上行走，还是在河里游泳，都可以实现相同的行动效果，即通过了某个对象。那么，这两个例子可以被概括为：

（效果，{（< 对象 >，< 行为 >）}）

最后，一个行动主体的功能可见性就可以被形式化为：

（< 效果 >，<（对象，行为）>）

因此，萨辛等人（2007）具有了一个行动主体视角的功能可见性定义。

定义 3 “当某个行动主体在 <（对象，行为）> 中提取其中一个（对象，行为），并且产生了在 < 效果 > 中的一个（效果），那么功能可见性就是一个可获得的关系，这个关系介于一个确定的 < 效果 >[①]和一个 <（对象，行为）> 元组之间。”[63], 462

通过这个立足于行动主体视角的功能可见性定义，萨辛等人（2007）还定义了第三者观察视角的功能可见性，即：

定义 4 “当被他人所观察的行动主体处于 < 行动主体 > 中时，实施了一个在 <（对象，行为）> 中的（对象，行为），就会产生出一个在 < 效果 > 中的效果。那么，功能可见性是一个可获得的关系，这种关系介于一个确定的 < 效果 > 和一个确定的（< 行动主体 >，<（对象，行为）>）之间。”[63], 463

萨辛等人（2007）将这种定义被形式化为：

（< 效果 >，（< 行动主体 >，<（对象，行为）>））

这样一来，立足于环境视角的功能可见性的定义也就可以定义为：

定义 5 “当被他人所观察的行动主体处于 < 行动主体 > 中时，对某个对象实施了一个在 < 行为 > 中的（行为），就会产生出一个在 < 效果 > 中的效果。那么，功能可见性是一个可获得的关系，这种关系介于一个确定的 < 效果 > 和一个确定的（< 行动主体 >，<（行为）>）之间。”[63], 463

而这个基于环境视角的功能可见性就可以被形式化为：

（< 效果 >，<（< 行动主体 >，< 行为 >）>）

这样一来，萨辛等人（2007）就完成了立足于环境、行动主体和观察者这三个视角对功能可见性定义的形式化。并且，根据这些形式化，萨辛等人（2007）将该形式化应用于 MACS 计划，并按照行动主体与环境之间的功能可见性关系来对机器人自动控制进行模拟。由于本文的侧重点在于功能可见性定义的形式化，而如何将这种形式化定义应用于机器人模拟这个话题以及超出了本文的讨论范围，

---

① “〈〉” 即一个集合，〈效果〉的意思是由很多的效果所组成的集合。

因此将不会再对这种形式化如何模拟机器人行动，以及模拟的行动效果如何等问题进行深入的讨论。

作为一种感觉运动模式的功能可见性

伽亚尼的论证思路

随着认知科学的持续进展，伽亚尼（2014）发表了“扩展功能可见性概念”一文，对功能可见性该如何精确定义又提出了新看法。[90]，275-293 基于对物体知觉的经验科学证据与概念分析，伽亚尼（2014）主要对功能可见性的倾向属性说（a dispositional interpretation of affordance，缩写为 DIA）做出了批判，他认为 DIA 不足以解释与行动相关的物体知觉的全部功能可见性效果（affordance effects），并根据研究结论，发展出一种他称之为功能可见性的知觉理论（theory of affordance perception，缩写 TAP），并将功能可见性定义为行动主体的一种感知运动模式。

伽亚尼（2014）总结出 Gibson（1979）的知觉理论存在两个显著的特征：即可提供的能力（Affordability）和直接性（Directness）：

第一，“感知活动就是对信息的拾取，并且在环境中观察事物，其实就是在看这些事物能（对环境中的动物）提供些什么”；[22]，127 在伽亚尼（2014）看来，这是功能可见性知觉独有的最本质特征，即功能可见性不仅通过知觉为主体提供了行动，而且主体的行动能力也会塑造知觉的范围与能力。

第二，“感知活动就是一个直接的活动进程，环境中事物的信息可以被拾取，而不必经过推理能力的作用。”[22]，134 伽亚尼（2014）认为，这是功能可见性知觉理论与现存的标准建构理论①得以区别的特征，如果没有这个特征，那么功能可见性

① 可参看本节之前对福多和派恩夏利（1981）进行讨论的章节。

理论与上述理论并无本质差异，即都是那种去感知那些感觉信息时，需要推理式的心理操作。

可以看出，这两个特征的陈述非常重要，缺一不可。并且伽亚尼（2014）得出这个结论：知觉，可以由观察者的感觉技能（motor skills）所塑造，而且这些感觉技能中并不包括对记忆的分类与检索（forms of categorization and retrievals of memory）。于是，伽亚尼（2014）就假设了一个有机体可以从视觉刺激里，直接提取环境中与物体交互的常用信息。举例来说，感知一个茶壶这个活动，就可被转化为，在不包括推理进程的情况下，直接从当下环境中拾取茶壶中有关抓握形式的信息的活动。

继而，伽亚尼（2014）对特维（1992）的倾向属性论进行了理论考察，并根据当前最新的神经科学与认知科学实验结论进展来对其做出了详细的批判。在考察中，伽亚尼（2014）认为倾向属性论具有三个特征，分别是：

首先，通过知觉刺激的结构，就可以具体明确地描述出功能可见性的具有哪种倾向属性。因此，这个特征要求功能可见性可以被具体地描述出来。

其次，感知一个功能可见性，这件活动就包含了是适合行动的属性承载者的存在。因此，这个特征要求行动者具有对功能可见性的识别与鉴定能力。

最后，在正确的境况下，这个功能可见性就有极大的可能性被实现。[90],7 因此，这个特征要求满足实现条件的功能可见性，必须会被具体地实现出来，产生效果。

在对倾向属性理论的这三个特征进行批判后，伽亚尼（2014）基于认知神经科学的立场，使用了大量的他称之为“与行动相关的功能可见性效果（action-related affordance effects，缩写 ARAE）”的实验数据，最后通过分析表明，运动与知觉具有一个非常强劲的互相依赖性。并且得出这个结论：功能可见性实际上是一种行动者的感知运动模式。

在下一节中，我们将看到，伽亚尼（2014）是如何论述倾向性解释的，并如何将其作为理论标靶进行批判。

对功能可见性倾向属性理论的考察分析

伽亚尼（2014）认为，倾向性属性（dispositional properties）可以被表述为："在某个境况下，某事物可被表述为，表现反事实条件下的那种有倾向的形式。因此，在某个境况C下，某事物X对M具有倾向，当且仅当，X是属性B的承载者；并且在C的情况下，在一个充分时间内，如果X还保持具有B的话，境况C和属性B可以联合起来令X引起M。" [90], 278-279

在伽亚尼（2014）的视野里，DIA的理论优势就在于，可以为功能可见性概念提供一个类似于落实确定或鉴定的作用，这就避免了在吉布森早期理论中那种模糊的功能可见性概念。但伽亚尼（2014）又质疑DIA是否具有普适性，即它可以完全说明全部功能可见性的例子？

针对这个问题，伽亚尼（2014）深入神经科学与认知科学的第一线，通过对大量实验结果与实验数据的具体分析，认为功能可见性知觉的确存在，而且它就是一种直接知觉的形式。而且很多大脑成像与MEP实验的结果，也强有力地证明了这样一个事实，即在执行某个行动时，被试对（与行动相关的）物体对象的知觉（the perception of action-related objects），的确与所使用的相同神经回路的躯体激活有着密不可分的关系。而功能可见性知觉这种直接知觉形式，就是将物体对象（具有意义的）知觉特征，直接地投射在观察者感觉能力上，使其直接产生行动的可能性。在下一节中，将会对这些实验的过程、分析与结果进行具体的讨论。

身体感觉运动模式的理论前提假设

为了给功能可见性理论提供来自神经科学方面的支持与证据，伽亚尼（2014）对神经科学与实验心理学的数据与实验进行了分析，并主要关注三个层面的问题：

第一，如果功能可见性知觉是可能的（即视觉与行动有着直接关系），那么根据这种功能可见性知觉模式，在人类大脑内部，是否相对应也存在一个对感知活动与行动之间进行直接匹配的神经系统？

第二，如果这个可以进行直接匹配的神经系统是存在的，那么是否可以假设，感知者可以根据自己本身适当的知觉能力，对目标物做出某种合适的行动，这是否意味着行动者因此可以直接拾取到环境中事物的价值［即吉布森（1979）所说的直接感知到物体对行动者本身的意义］？

第三，如果感知者可以直接拾取事物的意义这一假设成立，那么是否意味着，物体对象的视觉图像，激活了大脑中具有相应功能性的感觉运动区域①？

为了回答这三个核心问题，伽亚尼（2014）对大量的神经科学实验数据进行了详细地分析。

感觉运动直接匹配系统是否存在

伽亚尼（2014）考察了近十年来神经科学与实验心理学实验，认为其中有很大一部分规模的证据，都表明了非人类与灵长类动物的前运动区皮层（premotor cortex）②的神经元，除了在动物做动作时发生反应外，更重要的是这些神经元也会对视觉刺激产生反应。

有趣的是，木拉塔等人（1997）[91]发现，当这个猴子在没有实际行动执行的情况下，去观察可抓握的物体时，这个猴子大脑中运动前区（管理着运动的神经元）几乎一半的神经元，却有着非常显著地反应。这些“视觉运动（visuomotor）”神经元，展示了一个特殊的选择性，即在定位到某个实体时，它们会进行强烈的神经元放电。而且，更多的例子则来自坂田等人（1995）[92]和村田等人（2000）[93]的实验，这

---

① 这个区域应该具有对该物体进行行动执行的功能。

② 前运动区的功能和动物身体、四肢以及面部等的运动都有着密切的关系。研究表明，前运动区参与视觉支配的手臂抓握运动（Reaching movement）。新近的神经科学研究又表明，前运动区中发现有镜像神经元（mirror neuron）。而所谓镜像神经元，就是在动物执行某个动作，或观察其他人或动物执行同一动作时，都会发出放电脉冲的神经元，该神经元的功能，可能与动物进行行动的模仿，学习，以及理解其他动物的意图有关。

些实验都证明了这种感觉运动选择性（sensorimotor selectivity）存在于前顶内沟区（anterior intra-parietal area，AIP）①，在一点在柏若安等人（2008）[94]看来，就意味着在运动前区皮层中这些“视觉运动”神经元，与引导手进行抓握的 AIP 区中的神经元之间产生了直接的连接。而乌霍夫等人（2010）[95]也通过实验证实了，在对物体定位时，AIP 区的一大部分神经元都进行了放电，而且是对物体属性进行有选择性的放电，比如形状、规格大小以及方向定位等属性。

这些神经科学的实验证据还表明了，由 AIP 与运动前区皮层共同组成了一个顶额环路（parieto-frontal circuit），而这个环路在伦佐拉蒂和马泰利（2003）[96]那里被称为背侧—腹侧流（ventro-dorsal stream），鹿太等人（2003）[97]认为，这个环路在对用手朝向物体的行动中视觉运动属性（visuomotor）释放这一方面，起着至关重要的作用。

在葛烈思和斯尼加利亚（Gallese & Sinigaglia，2011）[98]看来，这个证据就揭示了，从视网膜接收信息的视觉区域与顶额环路的感觉运动区之间，存在着一个直接的连接！更精确地说，背侧 - 腹侧通路使用了一个直接—匹配系统，它可以将知觉刺激中所包含的信息，直接投射到对行动而言的一个特殊的感觉活动中。值得注意的是，在知觉流中所出现的这个活动进程，可以不需要对目标物的进行任何分离式表征，就能探测到知觉刺激中所包含的——相关行动的特征的——视觉运动模式。

因此，由于知觉刺激包含了关于——特定肢体躯干激活感觉运动系统——的信息足够多，所以这个假设是可能的，即这个活动进程就是对刺激中感觉运动模式进行直接检测的基础。基于这个结论，伽亚尼（2014）就认为，感觉运动直接匹配的神经系统是实际存在的。

---

① 顶叶内前部区 AIP，灵长类动物与其他动物分道扬镳后进化而来，引导手进行够和抓动作。

刺激——协同效应：直接感知外部事物的意义与价值

根据上一节的结论，伽亚尼（2014）认为，如果直接匹配的神经系统是存在的，那么就可以假设，感知者根据自己本身适当的知觉能力，就可以直接拾取外部事物的价值与意义。而且，通过对神经科学与实验心理学方面的实验结论，伽亚尼（2014）发现也有很多证据来支持这个论断。具体来说，伽亚尼（2014）的思路是这样的：如果感知者可以直接拾取外部事物的意义，那么就意味着，在对感觉器官的刺激中，存在着某种特殊的感觉运动模式；如果这个模式存在的话，那么它必然会影响感知者行动的执行和准备。因此，只要我们能够在实验中，找到这种对行动的执行产生影响的某种效应时，这种特殊的感觉运动模式，也就实际存在于大脑的直接匹配的神经系统之中。

非常幸运的是，这些证据的确存在着。伽亚尼（2014）考察了埃利斯和塔克尔（Ellis and Turker，1998[99]，2000[100]）的研究，并且同意这一研究结论：当被试被要求去执行一个感觉任务，这个任务与由某个刺激所提供的行动向保持一致时，刺激—反应协同性效应（S–R compatibility effects）就出现了。举例来说，在塔克尔和埃利斯（Tucker & Ellis，1998）的实验里，研究者给被试展示了普通可抓握物体的图片，并且要求被试用左右两只手的食指按压键盘上的键钮，以此来报告目标物是否是正确摆放或是放置颠倒的（图 5–9）。[99],834

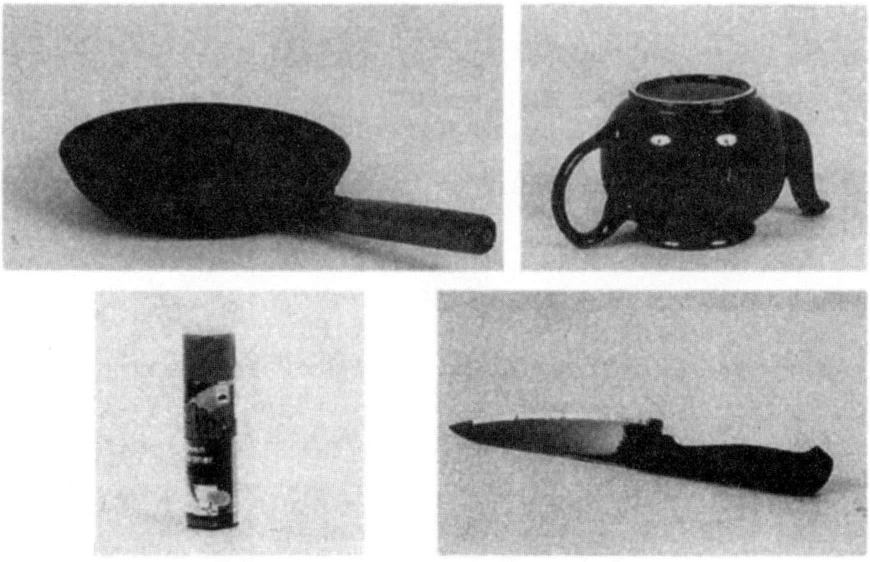

图 5–9　实验被试所看的图片

图 5-9 左上是一个手柄朝右的平底煎锅；右上是一个把柄在左边的倒扣茶壶；左下是可逆时针拧旋的气雾剂喷罐；右下则是刀刃朝上的把柄抓握反向的切刀。

实验的结果显示，当被试在看到图片后的反应中，存在一个非常明显的促进效应（facilitation effect），即被试总对物体的行动相关的部位（如把柄等）产生一个身体同侧的用手反应；而且有趣的是，即使与那些实验任务无关的暧昧朝向的物体，被试的身体反应依然如此。

因此，我们可以得到，同类与功能可见性有关的协同性效应是存在的。而且，德拜希尔等人（2006）[101]还证明了，不仅当一个物体的图像被展示出的时候就存在这种效应，而且在其他很多他物的排列中，某个物体的图像在被展示时也会存在这种协同性效应。

类似如此的研究，如罗伯茨和汉佛瑞斯（Roberts & Humpreys，2011）[102]和麦克布莱德等人（2011）[103]的结果也表明，观察者只要仅仅观看一个物体的图像，就能导致基于观察者感觉能力的相关行动指行计划的激活。这个结论就解释了，为什么当行动相关的刺激（观看）与我们日常习惯使用与其交互的效应物（如杯子的手柄）方向协同时，我们就可以观察到一个促进效应的出现。

而且，在瓦尼奥等人（2011）[104]的实验中也得到了类似的结论，该结论揭示了对一个可抓握物体的图像朝向，被试会产生协同性效应，而对一个描画的箭头朝向则不会产生这种协同性效应。

根据这些实验结论，伽亚尼（2014）认为，这些效应现象的出现，是与上面所提到的功能可见性特征保持了高度的一致（即动物通过视觉观察就可以拾取周围环境的信息，从而直接获取对象物的意义），因此这些结论给这个功能可见性特征提供相当丰富和重要的经验证据，即我们在日常与环境中的事物进行交互的时候，具有一种特别的能力，这个能力就是对功能可见性的知觉。

大脑内部是否具有与功能可见性相应的功能区域

根据上一节的结论，我们可以看到，与功能可见性一致的生理效应确实存在于人类。那么，这些生理效应的产生，必然会有相应的大脑功能区域。

因此，功能可见性的直接匹配假说，使伽亚尼（2014）将注意力转移到了知觉进程中感觉系统的角色问题上来。伽亚尼（2014）认为，这是由于动物所感知到与注意到的东西，其实就是检测到了环境中对行动可能性的特征。

的确，一些神经生物学的实验证据也的确支持了这个假说，即物体对象的视觉图像，激活了同样功能性的感觉运动区域，这个区域包含了对该物体所提供的行动执行的功能。举例来说，格拉夫顿等人（1997）[105]使用正电子发射断层扫描成像（positron emission tomography，也称 PET）来研究，我们对日常工具的观察行为，是否可以直接激活前运动区①，并且甚至在任何明显的感知需求缺失的时候也是如此表现。在实验中，就发现了对工具的观察活动非常强烈地激活了左背侧前运动区皮层，这种电极的强烈放电说明了运动前区皮层的细胞活动极其强烈，而这种强烈的活动，却发生在被试根本就没有任何肢体活动的情况下所产生。

无独有偶，这一现象也被朝和马丁（2000）[106]在功能磁共振成像（fMRI）中被发现了，在这个对不同类别物体的对照比较中，非常清楚地显示了左腹侧运动前区皮层（left ventral premotor cortex）对于工具图像的选择性。通过工具的图像，而对左后顶骨区域（left posterior parietal）和左腹侧运动前区皮层（left ventral premotor cortices）的激活，就支持了这个假说，即在知觉刺激中，那种检测与运动相关的信息的能力，可能是依赖于大脑相同区域（该区域负责基于感觉运动的交互）的功能。

而与这条结论符合一致的是，格瑞兹和德赛帝（Grezes & Decety，2002）[107]也从PET的数据报告中得出，在对物体的运动相关方面进行知觉后，皮质运动区（cortical

① 即大脑中的 F5 区域，该区域负责记录被试所执行的某一行动，比如拿起水杯、捡起钱包等。

motor area）被激活。此外，在与事件相关的成像研究中，格瑞兹等（2003）[108]也发现，与功能可见性有关的协同性效应的神经相关物，也显示出背侧前运动区（dorsal premotor cortex）的激活与它的激活反应时间产生了共变效应，这一发现在佩蒂特（Petit，2006）有关激活时间的文章中也有论述。

更为确定的是，伽亚尼（2014）认为汉佛瑞和瑞迪克（Humphrey & Riddoch，2001a）[109]的实验更能说明功能可见性概念与大脑活动保持了高度的一致与相符。实验室这样的：被试是一个遭受单侧感觉丧失症的患者，在这个实验中，患者面前摆放着十个日常使用的物品，这些物品的把柄都朝向该患者。任务很简单，就是让患者用多种定义方式去指认一个目标物。

有趣的是，实验结果表明，当这些物体不以与行动相关的分类标准来定义，而用其他的方式比如这些物体的名字，甚至显著视觉特征（如颜色等）来定义时，该患者通常对这些物体都只有很慢的反应，或者根本不能在环境中找到物体式的目标（objectual targets）。而恰恰相反，如果对物体按照它们各自所提供行动可能性来分类的话，那么该患者可以非常高效地辨认出这些物体。

并且，汉佛瑞和瑞迪克（2001a）根据持续进行的相关实验还表明，在知觉刺激中，即使大脑损伤限制了分类与定位物体的能力，与感知相关的行动可能性模式的检测依然可以很高效地进行工作。这个事实值得我们去注意，即使主体不具有其他分类能力和空间定位能力，只要具有那种对与行动相关的特征的知觉，这样的主体对物体的鉴定与识别，也会具有很高的显著效果。因此，伽亚尼（2014）认为这一点与功能可见性不需推理就可直接获取外部事物意义这个特征保持了一致。所以，伽亚尼（2014）认为，由于具有所对应的大脑活动区域，的确按照视觉刺激执行了与功能可见性特征所符合的相关运动功能，所以功能可见性在他看来确实是实实在在的大脑中感觉运动的一个模式。

综上所述，以上的实验证据均证明了，对于解释环境中感知运动模式是如何直接被有机体的知觉系统所探测到，因此伽亚尼（2014）的直接匹配假说具有相当的合理性。而功能可见性的两个本质特征（即可提供行动的能力与直接性），也在某种程度上道明了我们感知环境的一些最为本质的方式。

从上述实验证据我们也可以看出，关于行动执行与物体知觉之间所产生的协同性效应的大量实验证据支持了对功能可见性可提供的行动能力这个特征的理论陈述，即感知活动就是对环境中物体信息的拾取；另外，即使在非运动的那种分类模式缺失的情况下，被试或病人对感觉运动信息的知觉，也使得他们对物体的鉴定识别和定位都更加容易，这一点无疑支持了功能可见性可以直接拾取外部事物意义这个特征。因此，伽亚尼（2014）根据强有力的实验证据，认为自从在知觉进程的早期阶段，介于知觉模式与感觉运动能力之间的直接匹配就已经出现了。无疑，根据这个结论，我们不得不排除掉那些高阶认知能力（比如对记忆的提取和形成具有内容的心理表征等）的参与。

对功能可见性概念的扩展

根据大量的神经科学与实验心理学的实验证据，伽亚尼（2014）认为特维（1992）的倾向性理论并不能很好地解释这些实际的实验结果。众多的实验证据都表明了，对功能可见性实际上并不与一个行动的实际执行有着什么重要的关联性。而倾向论的支持者，则会认为任何一个功能可见性知觉都会使得一个相关行动的实现。然而，伽亚尼（2014）认为这条路将倾向性理论带到了一个死胡同。

根据特维（1992）对环境中功能可见性的描述，基本包括了三方面：需要被详细描述、需要被识别和需要被实现。这部分将对这三个条件来进行实证的评估。对这三条的反驳将从一个关于环境中对属性的知觉假设开始。根据倾向性理论，我们知道对一个环境中属性产生知觉，需要依赖于两个条件：①拥有这种属性的合适的物品的具体存在；并且②这种属性本身要能够非常明显地表现出来。因此，属性承载者的存在和对一个属性实现的发生，就是在环境中对倾向属性的知觉的必要条件。根据这些观点，为了感知到一个物品的可抓握的功能可见性性质，似乎需要将这个属性描述为一个它本身的物理指示物，使得在其上进行的抓握行动成为可能。

而伽亚尼（2014）认为，在一些神经生物学研究如朝和马丁（2000）、格瑞兹和德赛帝（2002）等的实验中，被试只是在观察屏幕上目标物的图像，并不要求去对目标物作出某种行动。即使有一些情况下，如塔克尔和埃利斯（1998）等，被试需要去执行一些行动，但他们的活动也并不直接指向目标物体；而且，在另外一些实验中，被试也没有与目标物体产生实际的交互活动。但是这些实验都具有一个共同点：即使在被试只对目标物进行观察，并没有与目标物产生实际交互活动的情况下，大脑中的相应行动功能区的神经元还是被激活了。因此，伽亚尼（2014）认为功能可见性效应的发现，与适合行动的物体的实际存在并无关系。根据这个实验结论，一个物体的二维图像，比如带有手柄的马克咖啡杯的图像，就可以引起与抓握相关的效应出现，即使环境中并不存在实际可被抓握的马克杯。被试在仅仅看到二维虚拟图像的情况下，是不可能去作出什么被物体所引起的相关行动的。这意味着，知觉系统对于真实或是虚拟的目标物的感觉运动模式（sensorimotor）都是普遍适用的，并且不区分它们的远端因果性。

更重要的是，如果将功能可见性归属到环境里，则需要一个适合行动的实际物体的存在。毕竟，若是环境中没有如此这样的物体存在的话，那么对该物体所承载的功能可见性属性的感知和获得就无从谈起。伽亚尼（2014）认为，当我们将一个属性归于环境时，我们其实都在心照不宣地默认了这个假设，即环境中至少要存在一个物体或事件，而这个存在的物体或事件具有这个属性。更进一步说，倾向属性论假设了一个可以承载这个属性的合适物体的存在。

但是，伽亚尼（2014）认为，如果根据倾向属性理论，我们可以对一个实在物体的属性进行考察的话，那么这种理论就不再适用于对抽象事物（比如数学定律）的考察，因为抽象事物并没有物理实在的属性。根据这个推论，举例来说，一个杯子所具有可抓握的属性，就不适用于一个二维的物体，比如这个水杯的图像。但在实验中，实际上即使被试看到物体的图像，同样可以激活大脑的相关功能区域。

伽亚尼（2014）根据对与功能可见性相关的生理和心理效应，认为倾向属性说的三个特征与实际的经验数据均不保持一致。因此，倾向属性说看起来并不能预测和解释全部的与功能可见性相关的效应。而这也就意味着，存在着一些真实的功能可见性知觉的例子，这些功能可见性知觉独立于环境中与行动相关的倾向性属性的存在之外。针对这种例外情况的出现，伽亚尼（2014）认为需要去扩展功能可见性的概念，即把从环境的物理属性那里改变功能可见性的指涉物的这种做法，转换为去寻找知觉刺激中的感觉运动模式，它们或许会与适合行动的目标物有联系，也或许没有这种联系，但都不影响功能可见性的存在。

因此，观察者真正所感知到的东西，其实是由知觉刺激所传达的感觉运动模式（sensorimotor patterns），而不是事物的物理属性。这个发现强调了，功能可见性并非是环境的物理属性，而是介于从知觉刺激所传达出的感觉运动模式与个体行动能力之间的关系。

最后，伽亚尼（2014）认为，对功能可见性概念的分析与定义，不能仅仅停留到本体论的意义上（比如，功能可见性是一些特殊的属性，这种属性使其所依附的物体具有适合某种特定行动的特征）；与此相反，伽亚尼（2014）认为，重要的是那种通过感知者的全部行动能力（repertoire）所塑造的知觉活动进程的方式（即感觉运动模式），是它形成了功能可见性，这是构想一个与我们主观体验保持一致的功能可见性概念的最富成果的方式。在未来，如果要发展一种视知觉的功能可见性理论，必然要放弃那种倾向属性说，而要特别关注知觉活动进程中的感觉运动机制。

然而，根据薛少华（2015）[110]对伽亚尼（2014）理论的批判，发现感觉运动模式理论仍有五个比较大的理论缺陷，因此，我们认为并不能将功能可见性概念定义为一种感觉运动模式。

第六章

功能可见性的概率知觉理论

引言

在之前章节中，我们回顾了吉布森构建直接知觉理论的过程，阐述了功能可见性这个概念的起源与产生，并具体阐述了吉布森的生态心理学理论，展示了功能可见性概念在其理论中的核心地位。然后讨论了哲学中直接知觉论与间接知觉论的争论，并指出间接知觉论的理论形态后来有逐渐向直接知觉论靠拢的趋势，两种理论提出了一定的交汇与融合。进而，阐述了对功能可见性诸多形而上学与认识论意义上的定义，并对这些不同的定义进行了批判性的反思；并且，同时还考察了对功能可见性概念的各种形式化，并指出在这些形式化都在不同程度上忽略了对作为功能可见性本质特征——随机性的探讨。

而在本章中，会根据对之前诸理论的批判与吸收，提出了功能可见性概率知觉（Affordance probabilistic perception）理论，这是一种基于概率论的功能可见性崭新定义与形式化描述，我们可以根据该理论来尝试性地使功能可见性理论能够更好地一步一步从哲学概念走向机器实现。

对功能可见性概念化的四种方式

在上一章中，通过之前对各种功能可见性的定义与形式化，我们不难发现，尽管在对功能可见性如何精确定义方面，各方还存在着较大的分歧，但是对于如何理解功能可见性，并且将其合理地进行形式化这一论题上面，他们却主要集中在四条道路上，并以此四种方式来进行形式化的工作：

第一种方式，即测量动物身体的行动部分与相关环境量之间长度比值关系，并以此关系来确定动物对当下环境中某个目标物的功能可见性。这种对功能可见性的形式化模式，具有相当长的历史，并且自沃伦（1984）测量行动者腿长与楼梯之间的长度比值之后，还有相当多的心理学家按照这一形式化模式，不断地测量身体的其他部分与环境相关物之间的物理长度比值，比如眼高、臂长和肩宽等。然而这种做法的最大缺点在于，以数值的形式将不断与环境交互的功能可见性特征固定下来，失去了功能可见性最大的特征，即随机性，这意味着功能可见性应该是一个范围，而非一个绝对的固定比例。

第二种方式，即把功能可见性当作环境的属性或“动物—环境”系统下的属性。这种形式化的做法，常体现在持这类观点的学者在对功能可见性的定义之中。但是，这种属性说并没有具备强大的现实解释力，并且其中一些论述与吉布森（1979）对功能可见性特征的描述相悖，因此并不能算作比较好的形式化。而且，这种属性说如特维（1992）等的理论模型，并没有能力容纳功能可见性的随机性特征，因此这种属性说并不能给出功能可见性这个概念足够精确的定义。

第三种方式，即针对功能可见性的特征，构建一个描述和体现功能可见性各种特征的逻辑模型，比如格瑞诺（1994）和斯迪曼（2002）等。这种对功能可见性的形式化，的确具备了逻辑的清晰性和严密性；但很遗憾的是，这种做法在本质上其实与之前对比值关系测量的做法是一致的，其根本目标就是将功能可见性以一种严格不变的方式固定地描述出来。这样一来，功能可见性的随机性就没有办法容纳进这个模型，并且这种模型的解释力十分有限，通常一个模型只能解释出一种功能可见性，在各种条件满足的情况下，该功能可见性还必须得实现出来，而这种形式化与现实的情况完全不符。实际上，即使在所有条件都具备的情况下，一个成功的行动也不一定必然出现；而且，即使该行动成功在当前条件下出现，也不能保证在同样的条件下重复成功出现。而这最普遍的例子，可以在体育比赛中经常发现，比如乒乓球比赛中，运动员练球时面对同一方向、同一角度、同一速度和旋转，甚至落点也大致相同的来球时，并不能保证每次都能成功接球。因此，这种逻辑形式化并不能成功解释环境与动物之间产生的功能可见性交互。不过，这种逻辑形式化常常用来对早期的人工智能机器人提供理论的行动模型，并取得了较大的成功。然而，在当前流行的机器学习中，由于缺乏随机性与灵活性，这种用来固定功能可见性的逻辑模型也遭到了抛弃。

第四种方式，即将动物的神经网络系统的某种激活模式，作为功能可见性的形式化模型。在该模型的进路下，一些学者如伽亚尼（2014）等就认为功能可见性知觉产生的原因是由于大脑内特定的镜像神经元的作用，并且与背侧流于腹侧流中的感知行动匹配系统所具有的感觉运动模式。同时，相信这一假说的学者，也从实际的实验心理学与神经科学实验中获得了很多确实的证据来支持这一论点。的确，这些实验证据能够很好地说明动物在感知外部环境中的功能可见性时，大脑内部的神经系统确实会出现与之相匹配的感知运动模式。然而，严格说来，这个模型并不是严格意义上对功能可见性的定义与形式化，因为神经元的感觉运动直接匹配系统由于极其复杂，其大量的模拟参数所带来的巨型计算量使得当代计算机技术难以满足要求，因此并不能被计算机所模拟实现。

但是，因为这些感知系统本身就是自然中所产生的，神经元本质上也是一种细胞，而我们如果把细胞看作一种机器的话，那么细胞这种机器的功能就是将生活经历转化为生物现象的生物内部机器。因此，我们可以借鉴动物大脑中基于神经元系统的感觉运动模式，对功能可见性进行一个更为生态的定义与形式化。我们是否可以通过神经网络的深度学习与强化学习这种算法与思路上的革新，来在人工智能机器人领域中实现功能可见性呢？

之前我们已经讨论过，这些形式化定义都有这样或那样的理论缺陷（可参看上一章对每个理论的讨论，这里不再详述），最重要的是，这些定义都在不同程度上忽略了对如何具体描述功能可见性随机性的讨论。而且，很多理论都将功能可见性定义为对环境中相关目标的行动可能性，但目前如何解释这个可能性，相关的讨论尚少。因此，能否将对可能性的把握容纳到对功能可见性的定义中，这就是新的理论所要解决的问题，并且新理论的特点也需要在功能可见性在哲学上的定义、认识论上的模型以及机器的模型实现中体现出来。

在本章中，笔者将会给出一个功能可见性新定义与基于概率的形式化，并对这种概率形式化定义如何在计算机上实现做出一些探索。

对感觉运动模式理论的反驳

通过对伽亚尼（2014）的考察，我们不难看出，该理论实际上是对策梅洛（2003）关系理论的深化。具体地说，策梅洛（2003）将功能可见性定义为动物的身体能力与外部环境特征之间的行动关系，而伽亚尼（2014）则将这种身体与环境之间的外部关系，内化为大脑中动物视觉系统对与其所接受到的物体特征信息之间的感觉运动模式。然而在本文看来，伽亚尼（2014）的定义实际上并没有超出策梅洛（2003）的定义，而做出这样的结论，则基于以下几点原因：

第一，动物的视觉系统本身就具有行动能力。根据吉布森（1979），环绕光阵列的存在，使得外部环境中的实物被“照亮”；继而，这种被“照亮”的实物，就给动物的视觉系统提供了“可以看到的”的功能可见性。这样的话，动物的视觉系统就可以凭借这个“可以看到的”功能可见性，对目标实物进行“看到”这样一个视觉行动。因此，视觉系统的运作尽管在大脑的初级视皮层中，但它与外部环境之间的仍然产生了具体的行动。所以，伽亚尼（2014）所谓的视觉系统中的所产生的感知运动模式，其实仍属策梅洛（2003）关系理论中那种动物所具有的一种行动能力而已。

第二，功能可见性的实现需要不同层级行动的组合，而不是仅仅只有视觉系统的启动。由于“观看”本身就是动物的一种行动，因此对任何功能可见性的实现，都必须以某种“看到”“听到”或“闻到”等这种更微型的功能可见性的实现作为基础。举例来说，如果行动者在当前外部环境中都不能“看到”的话，那么进行下一步的功能可见性知觉便无从谈起。因此，功能可见性知觉其实是由多个层级间微型的功能可见性组合而成。例如，一个水杯可以提供给行动者“可举起的”这样的一个功能可见性。当我们实现“举起”这个水杯的行动时，行动者其实获得了至少三个更加微型的功能可见性知觉信息，即观察这个水杯，行动者获得了“可看到的”这个功能可见性；接着，根据该水杯的形状，行动者又获得了“可抓握的”这个功能可见性；继而，又通过抓握行动，行动者获得了“可拿动的”这个功能可见性；最后，行动者举起了水杯，完成了对水杯“可举起的”这个功能可见性信息的拾取。策梅洛（2003）关于功能可见性的关系定义也比较笼统，因此没有详细地讨论行动的可能性问题。然而，通过这个例子，我们可以看出，在考虑功能可见性知觉时，伽亚尼（2014）却仅仅提到了以视觉为主的感知运动模式。那么，仍然以行动者举起水杯这个事件为例，在伽亚尼（2014）那里，似乎视觉系统启动后，行动者就可以获得从看到直至拿起水杯这个对功能可见性信息拾取的过程中后续所有的功能可见性信息。而这个结论，其实与现实的情况并不相符。这是因为，功能可见性具有一种连续的、并且知觉与行动互相影响着的、多层级的动态结构。

第三，既然一个复杂多层级的功能可见性知觉，是由一些更微型功能可见性的组合来实现的，那么根据这个推论，我们就可以得出这个结论：行动者对某目标物的知觉与对该目标物的行动，这两者在实施的过程中，存在着非常显著的相互影响这种情况。而且，弗兰查克等人（Franchak、van der Zalm& Adolph，2010）[111]也通过具体的实验数据支持了这种推论的合理性。我们仍然以行动者拿起某个水杯为例。根据上节，由于水杯向行动者所提供的这个功能可见性（即“可举起的”），至少由三个更微型的功能可见性（即“可看到的”“可抓握的”和“可拿动的”）组成，并且行动者总是按照先知觉、后行动的顺序来进行的话，那么在行动者逐次来拾取这些微型的功能可见性的时候，上一次的行动，必然会对下一次的功能可见性知觉产生影响。具体地说，行动者会根据本次的行动结果，作为下一次功能可见性知觉的基础，来影响和塑造该行动者对下一次功能可见性知觉信息的拾取。每一级功能可见性的实现，都必须以上一级功能可见性的实现为基础。比如，如果我们不能“看”到外部环境对象的话，那肯定不能进行下一步的行动。在每一级功能可见性实现的过程中，存在着实现的可能性，或者实现不了的可能性。根据这个观点来进行分析的话，我们就可以通过概率论的方法来对功能可见性进行合适的形式化。

第四，功能可见性描述的是一种动态行动的可能性，可参看策梅洛（2011）[112]。它具有随机性的特点，而面对这个最为本质的特征，策梅洛（2011）和伽亚尼（2014）都仅仅一笔带过，没有引起他们足够的重视。实际上，这种根本的特征就常常体现在行动者实际的行动之中。当我们去识别一个行动时候，首先会考察这个行动是否被实现，如果没有实现的话，那就是行动失败，没有显示出本来预测出的实际效果。这一特征在体育界的球类运动中极其常见，比如网球运动员面对同一落点的来球重复挥拍下网、篮球运动员运球失手等。因此，按照以往的功能可见性理论定义，功能可见性知觉只有成功或者失败，如果将行动成功赋值为 1，而行动失败赋值为 0，这样就可以对其进行明确地区分。但是，正如人不能两次踏入同一条河流一样，面对同样的目标物，行动者也不可能做出两次完全相同的行动。因此，伴随着这种不确定性，功能可见性知觉并不意味着行动结果仅仅是成功或者失败，所以功能可见性并不是用来区分行动者是否能对一个目标物进行某个具体行动的分界线，日常行动的成功与失败之间的界限是模糊的，功能可见性在其中只是一种可能性的存在，因此功能可见性应该被描述为一个可容错的范围。

第五，伽亚尼（2014）的感觉运动模式说没有足够的解释力去解释行动的“可预测性”。所谓“可预测的”行动，就是指在行动者在某段时空里进行某种行动的过程中，存在一个时间点，在这个时间点中，我们可以根据行动者目前行动状态与行动实现结果出发，进而对该行动者在这个时间点之后的后续时间里的行动做出基于一定概率的可能性预测。由于功能可见性是基于某些具体条件下的一种连续的动态随机运动过程，那么，在前一次的行动成功（或失败）后，行动者肯定会基于一些条件来对下个行动进行预测和期望，而外部环境中与行动者内部肯定也会有一些因素来影响这个可预测行动的成功率。

最后，伽亚尼（2014）的理论说并没有说明感觉运动模式的来源。这种视觉系统与外部事物特征相匹配的感觉运动模式是先天就有的，还是后天习得的？伽亚尼（2014）在文中语焉不详。不过我们可以假设，这种可以使动物面对某些目标做出合适行为的感觉运动模式是先天的。那么，这里也会产生一个问题，即动物是否可以在后天的成长与训练中，获得这种本不属于自己的特定感觉运动模式？如果后天可以习得，或者后天可以发明出来，那么我们就可以大胆设想，将这种运动模式形式化，然后应用到智能机器人对外部环境目标物的交互上来。然而遗憾的是，伽亚尼（2014）并没有对这种感觉运动模式进行更多关于形式化的讨论。

通过之前的分析，我们发现，不单单是伽亚尼（2014），其实以往众多的功能可见性理论都没能重视知觉的随机性这一特点。然而，通过之前的分析，我们发现随机性乃是功能可见性最为本质的特征，如果要对功能可见性概念进行形式化，那么就一定要重视这个特征。因此，本文将会以随机性为重点与立足点，将随机性这一根本特征带进到对功能可见性知觉的定义中。在下一节中，本文将会针对功能可见性知觉的随机性和生态性特征，进行一种基于生态术语的定义；并且，根据这个生态式的定义，使用概率论方法来对功能可见性概念进行形式化描述。

对功能可见性的一个新定义

一个基于概率论的功能可见性定义

根据吉布森（1979）的论述，我们在第一章中总结出了功能可见性这个概念的六个基本特征，即生态性、关系性、直接性、随机性、独立性和并发性。因此，任何对于功能可见性的定义，都必须要满足吉布森（1979）所提出的这六个基本特征。然而，通过之前对以往大多数的功能可见性定义与形式化工作的考察，我们不难发现，之前的功能可见性理论都以这样或那样的原因，忽略了对功能可见性随机性特征的讨论，而将功能可见性作为动物的倾向属性理论如特维（1992）等，甚至完全否认了随机性的存在，并认为当动物的倾向属性与环境的对应属性相遇时，功能可见性就一定会实现，并能形成某种物理上显著的效果。

另外，斯托夫瑞根（2000/2003）等将功能可见性看作是“动物—环境”系统之上形成的属性理论，在该理论中，则将功能可见性的随机性特征一笔带过，没有进行深入讨论；而能够较为成功并且取得一些学者认同的策梅洛（2003）关系理论，也只是着重对关系性这个特征的形式化，没有对随机性进行比较详细的考察，而且在对功能可见性的形式化工作中，更是完全忽略掉对随机性的考虑。

然而，通过对吉布森关于功能可见性原始论述的分析，以及上一节中对伽亚尼（2014）感觉运动模式理论的反驳，本书认为，既然功能可见性给行动者的行动提供了可能性，并且在行动者通过对环境中具体的功能可见性信息的拾取，并根据拾取后的信息做出连续动作之时，随机性都扮演着重要的角色，那么我们应该将一定范围内的随机性作为功能可见性的根本特征，并且将其在定义中体现出来。并且，在动态的感知行动过程中，外部环境也会影响行动的结果，因此对于行动者来说，一个对于外部环境目标实施成功的行动，必然是行动与知觉在发生过程中不断调整、纠正与影响的结果。根据这一思路，我们因此可以将功能可见性重新定义为：

功能可见性是一种介于感知者的能力与外部环境目标之间所产生的行动可能性关系。根据这种关系，感知者根据自身的能力，对外部环境目标的知觉信息进行直接地拾取，并且根据所拾取到的信息，对该目标物发生有一定概率的、多层级和动态连续的适当行动，从而具有实现与某个功能可见性相匹配的行动的可能性。

对于功能可见性这种行动可能性的知觉，我们可以将其称为功能可见性概率知觉，它可以简写为 APP（Affordance Probabilistic–Perception）。

满足吉布森理论要求的新定义特点

接下来，我们根据吉布森（1979）对功能可见性的六个基本特征的论述，来考察这个对于功能可见性的新定义，具体来分析该理论是否满足吉布森的理论要求。

第一，生态性。吉布森认为，我们生活的外部世界具有多重的层次结构，而对动物行为的研究应该在生态学层级上研究。在生态层级中，动物的行动实际上也具有多重的层级结构，即对一个功能可见性知觉信息的拾取，实际上可以分为多个更微型的功能可见性知觉信息的拾取。而在本定义中，对外部环境目标的适当行动是一种具有层级的适当行动，很好地体现了这一点。

第二，关系性。这个特征是关于功能可见性形式化定义的之前诸多理论笔墨着力最多的一个特征，可参见特维（1992）、策梅洛（2003）、斯托夫瑞根（2003）和伽亚尼（2014）等。很明显，在上节所给出的功能可见性新定义中，该特征也能得到很好的体现：功能可见性被定义成是一种介于感知者的能力与外部环境目标之间所存在行动的可能性关系。值得注意的是，这种关系并不是策梅洛（2003）那种行动者能力与环境特征之间的关系，而是这两者之间所产生的潜在行动之时相互影响的可能性，无论具体的行动关系是否产生，这种影响关系的可能性都会一直存在着。

第三，直接性。根据吉布森（1979），这个特征实际上是生态心理学的理论前提与理论承诺，即凡是对功能可见性进行过的定义，必然会承认直接知觉的可能性，并且会在该承诺下进行对功能可见性的考察。同样，通过本文前面对直接知觉的讨论，新的功能可见性定义自然也包含了这个特征。

第四，随机性。由于这是该定义中最重要的特征，因此这个特征理所应当地包含在对功能可见性的新定义之内。在这个新定义中，这个随机性包含了两个层面：首先，是指获取微型功能可见性知觉信息之后的动作与下一个动作之间衔接的可能性，另一个是指行动者在获取目标实物所提供的功能可见性知觉信息后，做或者不做行动的可能性。即使最微型的功能可见性行动（或知觉）[①]，比如“可看到的”，在特殊条件下视觉系统的“观看”行动也不一定可以多次重复成功。

第五，独立性。这个特征要求每个对功能可见性理论的定义必须回答一个问题，即：当感知者不存在时，功能可见性是否还存在？换句话说，功能可见性的存在是否依赖于感知者的存在？在新定义中，由于将功能可见性定义为两者之间的潜在行动关系的可能性，因此这个可能性是双方共有的，双方会共同提供这种特定行动关系的可能性。因此，当感知者不存在时，这个由功能可见性所提供的行动很明显不会实现；然而，外部环境中某个实物所提供的潜在行动关系的可能性仍然存在。所以，在本文看来，答案是功能可见性可以独立存在。比如封闭房间内的一个水杯，无论房间内是否有人或其他动物去获取水杯所提供的行动关系的可能性信息，这个水杯都会向外部提供这种信息。而且，策梅洛（2003）也同意丹尼特（1998）的对“可爱的”和“可

① 根据伽亚尼的观点，知觉本身就是一种行动。

疑的”这两个词之间的分析与区别，并认为功能可见性其实就和“可爱的”一样，是实际存在的。同样，吉布森（1979）有意打破这种主客二分的观点，因此对于功能可见性是主观的概念还是客观的实在这个问题，吉布森认为功能可见性“既是主观的，也是客观的；同时，也可以说它既不是主观的，也不是客观的”。

第六，并发性。本章中的新定义很好地体现了外部环境中存在多个功能可见性的情况。而且，在感知者没有特定目标和特殊需求的情况下，面对外部环境中众多的功能可见性信息，感知者自然会感知到功能可见性具有冲突与并发性。举例来说，某个动物在已经吃饱的情况下，面对着一个苹果和一个香蕉，该动物可以同时感受到两个实物所提供的功能可见性知觉信息——它们都是可以食用的——但是该动物并不会在同一时间食用这两个水果，因此该动物必须对并发的功能可见性进行取舍，或者它已经吃饱了，即使看到这两个水果（即获得功能可见性的知觉信息），也没有去食用的需求了。另外，这种并发与冲突性也体现在一个功能可见性所分割的各个微型功能可见性知觉信息中。由于行动是一个连续的过程，行动者就会在行动的过程中面对很多微型功能可见性的并行与冲突。

在这里，需要我们注意的是，这种对感知者行动的分割与目标物简单的功能可见性的分割，并不是无穷的，而是在基于行动者的身体能力和目标物特征之间的一个有限的集合范围内。因此，这样的分割并不会产生无穷分割和无穷倒退的问题。根据这个结论，为了追求一种对具有连续性的动态知觉行动的精确分析，我们可以尽量使一个知觉行动过程的分割尽可能的微型化，这跟微积分的原理类似，我们将一个事物分割成很多份，那么再对所分割部分进行分析，最后在分析之后将这些分析结果汇总叠加到一起，这种离散的和就会越接近真正的动态和连续性的知觉行动过程。

站在感知者的立场，APP 实际上是对功能可见性行动发生的可能性的概率式知觉（probabilistic-perception）。在下一节中，将会根据基于本节所给出的功能可见性新定义，并且立足于感知者的视角，来进一步具体阐述本文所提出的 APP（Affordance Probabilistic-Perception）理论。

对 APP 理论的形式描述

功能可见性为什么是一个随机范围

在对之前几种功能可见性定义与形式化理论的考察中，沃伦（1984）、特维（1992）、瑞德（1996）、威尔斯（2002）、斯迪曼（2002）、策梅洛（2003）、斯托夫瑞根（2003）和伽亚尼（2014）把功能可见性定义成一种比例、一种资源、一种属性、一种关系和一种模式。

这样一来，功能可见性在这些理论中或明显或隐含地变成了一个用来判断感知者对目标物是否能进行的某个行动的评判标准：如果行动成功了，那说明该感知者从环境中成功获取了目标物所提供的功能可见性知觉信息；反之，如果行动失败，就说明感知者就获取不到功能可见性知觉信息。举例来说，这种风格非常明显地体现在沃伦（1984）的理论中。通过对被试腿长身高和楼梯高度等相关测量后，沃伦（1984）将功能可见性量化为一个 π 值，这个 π 值就用来区别感知者能否登上某个高度的楼梯。由于之前章节中已经对此有了详细的讨论，这里就不再赘述。类似地，以上各个理论并没有将作为功能可见性概念根本特征之一的随机性给予足够的重视和考虑。

综上所述，这种做法所导致的结果是：如果感知者行动成功，则可以认为该被试已经在外部环境中对目标物所提供的功能可见性知觉信息进行了成功的拾取；而对于行动失败的被试来说，目标物并没有提供给他们某个具体的功能可见性知觉信息，这是由于环境所提供的知觉信息与被试的肢体物理能力不匹配所造成的。在这种理论观点下，功能可见性的位置就可以用图 6-1 表示。

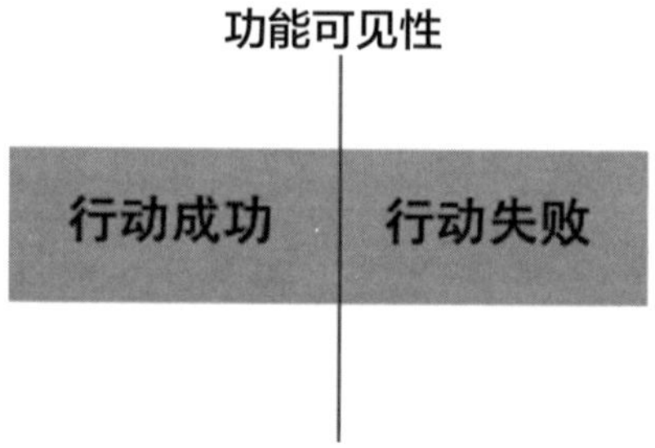

图 6-1　之前理论对功能可见性定义图示

图 6-1 表示了功能可见性在判断行动成功与否的作用与角色。在此前理论尤其是沃伦（1984）和特维（1992）中，功能可见性被直接看作是成功与否的判断标准。而其他关于功能可见性定义的理论，也多少间接地承认了这一观点。如果按照上图中所示的那样，将功能可见性定义为一个用来判断行动成功或失败的标准的话，这样单调的区分就无法对于相当多的行动进行合理有效，并且符合实际情况的理论解释。现在，我们仍然拿沃伦（1984）中爬楼梯的例子来说明这一问题。现在考虑这样三个情况：

第一，当某个被试的物理条件符合沃伦（1984）中与楼梯高度之间的比值 π，那么他就能爬上这个高度楼梯。接着，他继续爬这个高度 h 的楼梯，慢慢地随着时间 t 的增加，该被试的体力出现了损耗，最后在第 N 个楼梯前面，他太累了，再也爬不动这种高为 h 的楼梯。很明显这是一个实际情况。在这段消耗体力的时间里，该被试的身体相关部分的长度，与该楼梯高度之间的比值一直都固定不变。但是，由于被试的物理条件满足这个 π 值比例，因此按照 π 值理论，该被试仍然能成功地爬上该楼梯，但被试在这个时候已经没有力气再爬上这么高的楼梯了。

这里的问题是：被试在第 N 个楼梯之前，都可以爬上这些高度相同为 h 的楼梯，但倒在了第 N 个楼梯前。那么，该被试是否获取了第 N 阶相同高度 h 的楼梯所提供给他的功能可见性知觉信息（即“可爬上的”）？无疑，面对这个质疑，这种将功能可见性当作仅靠行动成功与否的标准的观点无法做出合理的回答。

第二，仍然以爬楼梯为例。再考虑这样一个情况：根据我们平时的生活习惯，我们常常会对肢体有使用偏好，所以有了左撇子和正常人之分。因此，尽管左右手和左右腿在物理上几乎全等，但这种使用偏好使得我们的左右肢的能力有着很大的区别，比如左右手写出的字就很不同。那么，在爬楼梯的时候，我们首先会倾向于使用右腿（当然，也有人用左腿，比如作者本人就是左撇子）来进行首次登爬行动，然后再用左腿进行持续的行动。

基于这个前提，我们再来看看沃伦（1984）的实验。在该实验中，沃伦其实是按照被试的最大登爬高度来进行测量的，他让被试首先起步的那只腿迈在所要登爬的楼梯上，然后再测量被试身体相关部分的物理长度与楼梯高度，从而得出了一个具体的 π 值，即按照这个这个比例，被试可以登爬或不能登爬上高度为 h 的楼梯。这样看来，沃伦对被试的登爬高度的选取，是按照被试登爬的最大理想高度作为测量的固定参数。这样做是因为，如果不是最大理想高度的话，那么实验就不能检测出能够提供被试登爬这种楼梯的高度边界具体是多少。

然而，这样做却带来了另一个很重要的问题：由于测量的是被试登爬楼梯的最大高度，如果被试能够登爬上第一阶楼梯，那么若是让他继续登爬的话，他势必要调整自己的姿势，继续使用那条行动能力较强的腿来进行下一次的登爬活动。这样一来，登爬楼梯的行动就不是一个连续的行动，因为连续的登爬楼梯是不需要在登爬完每一阶后进行调整的。而这种姿势的调整就会打断连续的登爬行动。而调整的原因，就是因为相比于行动能力较弱的那条腿，这条腿才能具有拾取该高度的楼梯所提供的功能可见性知觉信息。然而，这个结论显然是荒谬的。因为作为与功能可见性知觉信息进行交互行动的是整个动物，而不是动物的某个部分。所以，本文的质疑是，这种牺牲了行动连续性[①]的测量方法与实验数据，是否能提供一个对现实情况的合理解释？

第三，这个情况几乎在日常生活中人人都碰到过。试想一下，我们经常会登爬一些高度很低的楼梯（比如中国人民大学人文楼的楼梯）。当一楼的电梯里挤不下而且论坛讲座马上要开始的时候，我们肯定能熟练地连续登爬，甚至是跑上六楼哲学院的某个会议室。但是，在这个连续的登爬行动中，我们很可能会因为着急而绊倒或磕磕碰碰，从而不得不停下来。

然而，面对这种有可能出错的情况，那些把功能可见性形式化评判行动成功与否的标准这样的理论，只能将这种情况解释为，当时的行动者没有从环境中直接获取到环境所提供的功能可见性知觉信息，所以才会出现跌倒或磕碰的情况。无疑，这种结论是荒谬的。因此，这种忽略了行动成功或失败可能性这个特征的功能可见性理论注定无法解释现实生活中时刻面临的这种情况。

综上所述，之前的理论都无法很好地对上面的三种实际情况提出合理的解释。即使有一些人如策梅洛（2003）、斯托夫瑞根（2003）和伽亚尼（2014）等在研究中也注意到行动中的随机性现象时，他们也仅仅一笔带过，基本都认为这种行动可能性不代表行动一定成功，在行动者拾取到功能可见性知觉信息时，也有可能失败。行动存在着一定的随机性。而图 6-2 能够很好地表达这种情况。

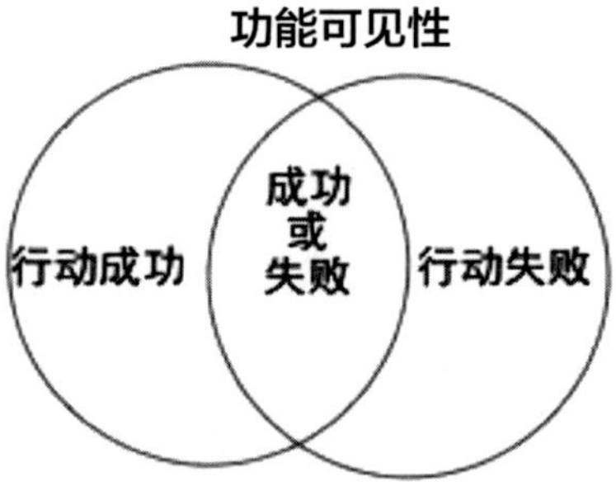

图 6-2　功能可见性概率定义图示

---

① 行动连续性，是动物做出自然的生态性行动非常明显的体现，因为动物在实际的生活环境中，常常会做出一系列连续性的行动。但是，实验室中的测量使得动物的行动不再具有这种自然的生态性特征，这也违背了 Gibson 提出功能可见性概念的初衷。

图 6–2 表示了功能可见性作为外部环境目标，提供给行动者行动成功与否的概率范围。换句话说，即使行动者对某个目标有时行动失败，他也有可能从外部环境的目标身上，直接拾取到了该目标物对行动者提供的功能可见性知觉信息（该信息使得他的行动成为可能）。然而，对于如何具体地描述和形式化这种随机性，之前的理论都没有进行深入地细致讨论。因此，针对这种行动者时而行动成功、又时而行动失败的情况，本文提出了对功能可见性的新定义，认为功能可见性其实是一个成功行动的概率范围，行动者对外部环境的知觉，其实是一种基于功能可见性知觉信息的概率知觉（Probabilistic–Perception）观，即我们的知觉，是对某个确定的行动可能性的知觉，而不是之前理论对行动成功与否进行简单评判的标准。

为了对新的功能可见性定义进行合理且精确的形式化，本书在下一节中将对选用何种形式化工具进行讨论。

形式描述工具的选择

什么选择数学方法，而不是符号逻辑？

根据上节，我们已经有了一个对功能可见性的新定义。由于这个定义是用来描述动物在生态环境下如何进行合适的知觉行动，因此对人工智能与外部环境的交互领域的研究来说，就有很多非常值得借鉴之处。那么，如果将功能可见性的概念应用于人工智能机器人的行动上，就势必要对功能可见性概念进行形式化，也就是要使用数学或逻辑的工具，将生态世界中的动态复杂问题描述为计算机可读的机器语言。

但是，这里我们也需要注意，一个形而上的哲学概念与形而下的机器实现，这两者之间其实有着巨大的鸿沟。而这种鸿沟的产生，是由于两者的理论追求（比如精确性）不同而造成的结果。形而上学概念所要求的精确性，就是需要体现描述对象的复杂性，并且能够完全描述出对象（比如功能可见性）的内涵与外延；而对于机器语言的精确性来说，则要求将对象使用数学或逻辑进行精确地简化和抽象，也就是抽取出本质特征，并且在不改变对象功能与本质的前提下，尽量减少对象的多样性和复杂性，最后使得对象能够被机器所精确识别，并且可以使用具体的算法来进行实现。这里的矛盾在于，由于双方对精确性的理解不同，站在形而上学的立场上，将形而上学概念表述为机器语言，这样做就会导致该描述对象被符号化，从而丢失了具体的意义性元素；而站在机器实现的角度上，形而上学的概念显得不具有操作性，机器根本不可能理解。因此，如果将形而上学的概念应用于机器实现，则需要双方进行一定的妥协，并且需要选择一个合适的形式化工具来进行具体的工作。这样看来，对形式化工具的选取就显得十分重要。那么，根据功能可见性概念的特征，我们又该选取哪种形式化工具呢？要回答这个问题，还得从人工智能的发展历史谈起。

20 世纪 40 年代，第一台电子计算机出现，一方面由于计算机强大的计算功能，使得人们可以去完成以往无法完成的巨大规模的计算任务；而另一方面，人们也对计算机所具有类似人脑的部分功能（如逻辑推断、数值计算等）产生了巨大的兴趣，进而期望能够构造成与人脑功能相类似的智能系统，这就是人工智能源起的初衷。然而，与实现真正的强人工智能这一长远目标相比，当今的人工智能研究更多地集中与针对具体的实际问题的解决。

在人工智能的发展初期，基于解决专门问题的智能系统占据主流，这种系统主要由“IF–THEN”这样的条件语句构成，并使用了一阶逻辑和谓词演算这种单调性[①]的法则进行系统的符号推理与建模，并取得了重大的成就。然而，这样的系统也具有巨大的缺陷。当面对纷乱复杂的外部环境时，如何解决生态中的不确定性[②]就是这种人工智能系统发展的一个重要的困难。这些困难主要在于：

首先，任何认知系统（动物或人工智能）对外部环境的观测和信息的获取都具有一定的误差，这是由于系统的观测仪器精确度决定的，因此智能系统对外部环境信息

---

① 所谓单调性，是函数的一个特性。函数区间 f 是单调的，如果 $x \leq y$，则 $f(x) \leq f(y)$。同理可知，经典的形式逻辑也具有单调性的推论关系。这就意味着，如果一个句子可以从前提的集合中推理出来，则它也可以从把这个前提集合作为子集包含的任何前提集合中推理出来，这意味着向理论增加一个公式永不引起它的推论集合的减小。因此，随着新规则的加入，它所能推出的结论集合也单调增大。比如，一阶逻辑就是单调逻辑，其推理就叫单调推理。

② 所谓不确定性，其实就是限于当前的科学认识范围和能力，我们没有足够知识来描述当前情况或估计将来的结果，因此无法把握研究对象和目标的一种表现。然而，尽管无法完全掌控，但是我们可以合理地对不确定性进行数学的描述。

的获取并不完备。

其次，智能系统所进行的单调推理，必然会对复杂的外部环境信息进行相当大程度上的抽象与化简，因此只能说明一些在理想条件下的情况；然而，外部世界中存在着很多例外的情况，这种简单的单调推理就不能说明那些被忽视掉的例外情况，比如特维（1992）对功能可见性的形式化定义就属于这种情况，不再赘述。

最后，很多生态事实本身就是随机的，必须通过统计来进行说明这种不确定性，因此鉴于外部世界的复杂度与不确定性，我们根本无法用一个或一些单调逻辑理论来对其进行概括。

面对复杂性、不确定性等困难，很多学者致力于发明一些新的认知逻辑，他们认为经典逻辑对于研究非单调推理明显有不足的地方，因此最好是建立新的语义机制和逻辑系统，并用非单调的推理方式来处理单调推理不能说明的例外事实，在此基础上进行非单调推理的研究以解决一些问题，这方面的工作主要有例如芮特尔（Reiter，1987）[113]的缺省逻辑、麦克德莫特和多伊尔（McDermott & Doyle，1980）[114]的非单调模态逻辑和摩尔（Moore，1984）[115]的认知逻辑等。然而，这些做法在实际应用中都有各种各样的理论困难，究其主要原因，则在于通过对单调性推理系统的修补，增加了很多演算规则和语义解释，这无形中就增加了系统的计算难度和复杂度，有些计算的复杂度甚至超出了计算机的能力。

举例来说，莱纳奇克和温特尔（Lenarčič& Winter，2013）[116]就基于情境语义学理论，构建了一个关于功能可见性形式化的初步模型。但是，由于该形式化工具的局限性，这个模型存在着一些天然的缺点。这些缺点主要有两个方面：第一，对象的匹配问题。情境语义学主要的研究对象和形式化处理的是人类的语言，并不适合于为自然环境下的动物具体行动进行形式化建模。第二，功能可见性本身就具有动态的特征。然而，莱纳奇克和温特尔（2013）的情境理论自身是一种静态的描述，这意味着情境理论只能描述外部世界的当前状态，它并不提供任何动态的或具有变化性的概念。因此，行动者的行动在情境理论中只能是一种被描述的状态，而不具备行动的可能性。所以，如果一个理论不能描述动态的环境与行动的话，那么该理论就不适合于对功能可见性的形式化，更不用说对未来的行动所进行的该行动是否会发生的预测，而概率可以如实地描述外部环境中所发生的实际事件。在这一点上，概率模型有着天然的优势。

在外部环境的实际状态中，当行动者的行动开始执行时，外部目标物与周围的当下场景，都会跟随这种具体行动的开始进行连续的改变。而在这种情况下，静态的环境描述显然有悖于现实的情况。因此，情境语义学并不是一个可以对功能可见性进行合理形式化的工具，它不适合对功能可见性进行形式化。

由于这个世界上许多事情都具有不确定性，因此我们不得不将注意力转移到概率方法上。由于不确定性的出现，概率方法自然就成为处理人工智能问题的一个工具。然而，在对概率的理解上，历史中出现过五种不同的解释：即古典主义、频率主义、主观主义、波普尔（Popper，1957/2013）[117]的特性主义和卡尔纳普（Carnap，1962）[118]的逻辑主义。其中，频率主义解释与主观主义解释是非常重要的两种解释。这两种解释，主导了当前人们对概率的理解。

所谓频率主义解释，即概率只有当试验在相同条件下重复无数多次才有意义，这几乎带着统计的特征。但是在实际生活中，当人们研究一些事件的概率时，发现该事件根本不可能重复无数多次；或者，该事件是一次性事件，根本不可重复发生。比如巴西世界杯上的决赛，频率主义就无法对这些一次性事件进行处理。

所谓主观主义解释，又称为贝叶斯解释，它认为概率是一种合理的置信度，这种置信度反映了主体的主观状态和信念，因此贝叶斯解释是一种主观概率，很多人将置信度视为经典的真值（真或假）的一种扩展。这种主观主义解释的优点在于，它可以对一次性事件进行概率评估与预测，比如Google和百度大数据对2014巴西世界杯的十六强和具体比赛胜负的预测。之前我们说过，频率主义解释无法回答“2014巴西世界杯的冠军是谁？”这样的问题，因为这个事件不是一个可重复的事件。但根据主观主义解释，我们可以根据各种先验的知识（比如球员状态、上场阵形、球场气温等）来对事件的发生给出一个主观的概率预测与评估。

根据上述分析，我们可以看到，由于概率的主观主义解释可以很好地对事件进行预测，而且我们可以通过联合概率计算，来模拟行动者所进行的一个连续动态行动状况。因此，贝叶斯理论正是我们所要寻求的形式化工具。在下一节中，我们将会对概率论的方法进行考察，看看它在对功能可见性概念形式化的工作上，具有哪些优势和特点。

概率方法对功能可见性概念形式描述的优势

根据以上的分析，本文所要选取的工具就是概率的建模方法，而非情景语义学或认知逻辑等逻辑方法。之所以选择概率建模，是因为它有以下四个特点：

首先，概率常常被用来对外部环境的动态事件进行建模与分析，并具有非常好的效果。由于概率描述的是某些外部环境事件的可能性，而非对外部环境的静态描述，因此它常常被用来人们用来处理一些快速变化的环境建模，比如洪水暴发情况、台风运动情况和城市车流量的实时交通情况，而且在这些领域内都取得了很好的描述与模拟效果。而功能可见性概念则体现出行动者与外部环境目标物之间进行连续行动的可能性，因此概率所具有的动态的生态性这个特点，恰恰能够很好地为功能可见性这个概念进行建模。

其次，概率不仅可以动态地描述某个事件的当前状态，而且对该事件在外部环境中的变化情况，也具有很好的预测性质。在概率模型中，有许多概念都可以对当前情况进行描述，比如条件概率、期望值等。而在功能可见性的概念中，由于外部环境目标物给行动者只提供适合其能力的一定范围的行动，因此这个概念对行动者未来的行动也会一定的预测（即预测该行动者在某个能力范围集合内的行动）。这样看来，概率模型也可以满足功能可见性对行动预测性这个特征的要求，因此非常合适用来对功能可见性这个概念进行建模。

再次，由于功能可见性这个概念既具有关系性，又具有独立性，然而概率模型既可以描述外部环境中离散的独立事件，又可以描述动态发生的连续事件，因此功能可见性这个概念也需要具有相同特征概率模型来进行建模。

最后，概率模型可以完美对接入人工智能机器人的行动程序中。如果用机器学习（Machine Learning）对概率模型进行实现的话，机器行动主体就可以很好地与当下所处环境进行功能可见性式的交互，并且机器行动主体本身也可以对这种交互模型（功能可见性式的交互）进行非监督学习①，从而强化这种对环境中的功能可见性进行直接拾取的知觉②能力，还可以对以后的行动进行一些预测。毫无疑问，人类的视觉系统、听觉系统本身就是非常复杂的系统，如果计算机要获得动物视觉系统所看到的东西（即计算机知觉）的话，计算机界现阶段的主要方法：一是描述出我们的视觉系统在观察目标对象的时候所提取的那些视觉特征（比如物体的区别、物体的边缘以及物体之间的关系等）；二是我们是否能找出一个具体的算法，它可以揭示出大多数视觉系统对物体特征的识别，进而由计算机进行实现。

综上所述，本文认为概率模型与功能可见性有很好的适配性，因此接下来本文将会给出一个功能可见性的形式定义，并且对其进行概率建模。

对功能可见性概率知觉的形式描述

之前，我们将功能可见性定义为：

---

① 所谓非监督学习（Unsupervised learning），是机器学习的一种方式。简单地说，就是我们不告诉计算机怎么做，而是给出很多数据，让计算机自己在大数据中去学习怎样做一些事情。

② 这里的知觉概念，是指人工智能机器人使用各种感知传感器所获取信息的能力，比如光感器、触感器等。它并非哲学意义上那种含混不清的知觉概念。

功能可见性是一种介于感知者的能力与外部环境目标之间所产生的行动可能性关系。根据这种关系，感知者根据自身的能力，对外部环境目标的知觉信息进行直接地拾取，并且根据所拾取到的信息，对该目标物发生有一定概率的、多层级和动态连续的适当行动，从而具有实现与某个功能可见性相匹配的行动的可能性。

接下来，我们将会对一些术语进行定义与限制，这样做的目的是力求在以后的形式化工作中，对这些概念的使用力求达到清晰且不含混的效果。具体来说，主要有以下一些术语需要被定义：

一个行动者（agent），即可以施加行动于某个或某些实体对象的个体。行动者由于自身存在的物理条件，会具有一些能力（abilities），而行动者根据其能力，可以向实体对象做出能力范围以内的行动（action）。举例来说，人就是行动者，人具有四肢，四肢有支撑的能力，因此可以对实体的地面进行基于支撑能力之上的跑、跳、走、爬，这些行动的实现就需要主体的行动能力。

由于一个行动者会具有多种能力，那么我们可以把行动者的能力做成一个有穷或可枚举的行动能力集合[1]。因此，令行动者为S，行动者能力的集合为X，那么有

$X=\{(x_1,\cdots,x_n)\mid\forall x_i\in S,i=(1,\cdots,n)\}$，并且 $X\subseteq S$[2]；

一个实物（substance），就是行动者根据其能力，可以进行某种特定行动的实体对象。行动者之所以能够进行这种特定的行动，是因为某个实物提供了某个或某些特征（feature），这些特征给行动者提供了某些行动的可能性。

因此，我们可以把实物看作是它的特征的集合。令实物为E，实物特征的集合为Y，那么有

$Y=\{(y_1,\cdots,y_n)\mid\forall y_i\in E,i=(1,\cdots,n)\}$，并且 $Y\subseteq E$；

一个居所（niche），就是外部世界中适合某个（或某些、某个族群）行动者生存、并能给该行动者提供行动对象（实物）、行动空间（媒介）与行动区域（表面）的生态

① 实际上，我们也可以将行动者看成是一个能力的集合。

② “⊆”的含义是S包括全部的X，并且，在一些条件和范围内，两者可以全等；但严格来说，S中还有一些X所不具有的元素，比如行动者能够承载其能力的物理实体、行动者所具有的与其他行动者之间的关系等。

环境。然而，由于外部世界并不是任何地区都适合行动者生存，因此它是外部世界中的一部分。进一步说，在某个物理学意义上的空间内，可能会有不同的居所重叠在一起。但是，这种在相同物理空间内多个重叠的并不是同一个居所，它们彼此区别，我们可以根据居所中的实物特征与行动者的类别进行区分，因此，我们可以用许多具有不同特征实物的集合来表示某个居所。由实物的定义可知，实物的集合为 D，我们令某个具体的居所为 W，那么有

$D=\{(E_1,\cdots,E_n) \mid \forall E_i \in W, i=(1,\cdots,n)\}$，并且 $D \subseteq W$；

而根据吉布森（1979），本文将知觉（perception）定义为：行动者对来自外在的环境信息进行直接的“拾取（pick up）”活动。而其中的环境信息，就是行动者根据其能力，从外部环境中获取的实物特征。若令知觉为 p，那么知觉可以被描述为：

$p<x_i, y_i>$①；

在上式中，行动者根据其能力 x_i，对外在环境中目标实物的某个特征所提供的信息，进行直接“拾取”的知觉活动 p。

现在，我们给出一个作为行动可能性的功能可见性形式化定义。

令“x_i”为行动者的某个具体能力，则初始的知觉启动的能力（即可视能力）就是“x_0”；

令“y_i”为外部环境中某个具体实物的特征，则初始的实物特征（即具有环绕光流阵列的信息，可被“照亮”）就是“y_0”；

令“A_i”表示功能可见性，则“A_0”②为目标物与行动者能力之间的初始功能可见性，“A”即功能可见性的缩写；

令“a_i”为行动者感知到某个功能可见性后，所进行的与该功能可见性相匹配的行动。那么，“a_0”③就是行动者根据初始的功能可见性（即 A_0）所进行的匹配行动（即

①“<>”的意思为，行动者能力与实物特征之前的顺序关系，它们是一个有序对。我们知道，知觉发生之所以发生，是因为首先行动者必须具备某种知觉能力，才能对目标实物进行获取信息的知觉活动。因此，能力与特征是一个有序对。

② 以 0 作为初始 Affordance 序号的原因是，在一般的行动理论中，视觉启动并不能算作一个真正的实际行动。

③但是，按照吉布森（1979）的初衷，视觉启动，就是对周围环境的环绕光流阵列信息进行直接拾取，这本身就是行动者的一个行动。因此，为了照顾一般传统的行动理论解释，我们将获取初始功能可见性的视觉启动（即“看到”这个行动），标记为“0”，意为并非传统意义上的典型肢体行动。从 1 开始往后，才是一般意义上的行动。

行动者使用视觉系统去做“看”这个行动），因此，我们就可以将“注意”这一术语定义为行动者对某个实物对象进行了一段时间的观看，从“注意”开始，一系列连续动态的行动就正式开始。“a”即行动（action）的缩写；

令“$P(A)$”为行动者对外部环境所提供信息的知觉，“P”即知觉（perception）的缩写；

令“P”为某对象事件的概率，即概率（Probability）的缩写。

那么，根据之前的定义，某个初始功能可见性的就可以被描述为以下形式：

$$A_0 := P < p < x_0, y_0 >, a_0 > ;$$

因此，上式便是一个功能可见性的形式化表述。它的意思是：行动者使用某个能力，对外部环境中的某个实物特征提供的与能力相匹配的知觉信息进行了直接拾取（即知觉活动 p），由于这种知觉 p 的存在，会使该行动者产生某个基于能力且符合实物特征的行动 a_0 发生的可能性，这就是功能可见性。

根据 A_0 的定义，需要注意的是，在成功实现 A_0 后，行动者会进入一个新的状态，这个状态就是对 A_0 成功实现后反馈给行动者的知觉状态。那么，对 A_1 的形式化定义就可以写为：

$$A_1 := P < p(P < p < x_0, y_0 >, a_0 >), < x_1, y_1 >, a_1 > ;$$

这个式子表示的意思是，行动者在行动启动后，基于对进行成功的拾取，然后再凭借自身的能力 x_1，通过行动 a_1，来拾取实物特征 y_1 提供给行动者的知觉信息的可能性，即 A_1。

而且，由于 A 本身是一个连续的动态行动，因此在 A_0 的实现的状态和基础上，行动者会持续获取目标实物提供给他可以使用行动能力 x_1 的知觉信息 y_1。

那么，根据 A_0 的定义，上式就可以写成：

$$A_1 := P < p(A_0), < x_1, y_1 >, a_1 > ;$$

考虑一个行动者拿起水杯的例子。在行动者通过视觉系统的行动“看到”水杯（即

对 A_0 的实现）这个实物后，由于行动的动态连续性，该行动者会接着连续获取水杯提供给具有肢体能力（即 x_1 ）的行动者“可以触摸的”实物特征（即 y_1 ）。因此，为了公式的简洁和明晰，我们其实可以将上式中的“$< x_1, y_1 >$”省略掉。换句话说，即用“$p(A_0)$”来表示基于上一个功能可见性的拾取后，对下一个功能可见性所涉及的动物能力和实物特征之间关系对“$< x_1, y_1 >$”。

再根据之前的分析，由于行动者的一个完整行动“A_n”，是由多重微型功能可见性的连续组合实现来完成的，因此 A_0 的后续功能可见性（即“A_1”）就可以表示为：

$A_1 := P < p(A_0),\quad a_1 >$；

则 $A_2 := P < p(A_1),\quad a_2 >$

……

$A_n := P < p(A_{n-1}),\quad a_n >$。

令“$f(A_i)$”为某个功能可见性在现实情况中的实现①，它描述了一个拾取了功能可见性信息的知觉，与能够导致直接拾取该功能可见性知觉信息的相应行动进行成功实现的关系函数；因此，一个连续完整的功能可见性（ A_n ）的实现，将上式代入，就可以表示为：

$f(A_n) := f(P < p(A_{n-1}), a_n >)$；

那么，每个微型的功能可见性就可以表达为图 6–3 的形式。

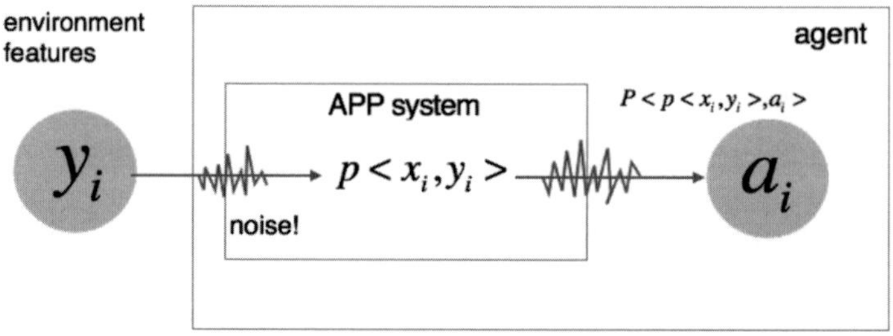

图 6–3　APP 理论图示

① 所谓在现实情况中的实现，是指对某个功能可见性行动发生后，进行了成功的行动，达到行动者目的或目标。因此，某事件的发生，与某事件的成功实现，这是两个不同的概念。比如，在打乒乓球时，面对来球进行了挥拍，这就是挥拍事件的发生（或者看着来球不挥拍，那么该事件不发生）；不仅挥拍，并且将球成功挥打至对方台面，才是挥拍事件的成功实现（或者挥空、挥打触球后落网或触地等不成功的实现），这些都是具有概率的。

在图 6–3 中，表示外部环境中目标对象的某个特征。当进入动物的知觉系统后，动物可以根据生物能力拾取到该信息，并形成一个知觉。同样，当动物使用这种知觉信息做出相应的行动时，我们就可以看到动物具有一定概率的知觉行动启动。然而，这种行动并非 100% 精确，因此行动时会产生了一个行动成功得以实现的概率。这种根据动物能力与环境特征所产生的行动实现的概率，即功能可见性。

在这里需要注意，任何一种测量仪器基于本身的设计，并不能绝对客观无误地测量一个对象目标，同理可知，动物的知觉系统本质上也是一种测量系统，因此外在信息在进入动物的知觉系统时难免会有一些噪声干扰，这些噪声或者来自动物本身的知觉器官局限，或者来自当前环境条件如光亮、温度等影响。而且这种信息经过知觉系统的直接拾取后再进行输出时，同样存在着某些噪声的影响，这些噪声使得动物的功能可见性概率知觉行动具有了出错的情况；与此同时，也使得 APP 理论能够去解释，动物即便在各种条件都满足的情况下，也不一定去直接行动或者行动成功。

而且，由于一个功能可见性的实现是一个连续动态的过程，那么我们可以将这个动态的行动过程近似为许多微型功能可见性概率知觉行动组成的和。因此，整个便可以看作是各个微型的功能可见性行动成功实现的累积，那么这种累积就可以表达为：

$$\int_0^{n+1} f(A_n)\mathrm{dx} = \lim_{n\to\infty}\sum_{i=0}^{n} f(A_i)\Delta A_n$$

再令“$P(f(A_i))$”为某个功能可见性在现实中实现的概率；那么

$$P(f(A_1)) := P(f(P < p(A_0), a_1 >))$$

$$P(f(A_2)) := P(f(P < p(A_1), a_2 >))$$

……

$$P(f(A_n)) := P(f(P < p(A_{n-1}), a_n >))$$

综上，我们已完成了对功能可见性的发生、功能可见性的实现，以及功能可见性的成功实现进行了形式化描述。

接下来，我们的问题是：既然功能可见性被定义为一种行动关系发生的可能性，那么这种可能性应该如何计算呢？在下一节中，将集中回答这个问题。

功能可见性概率知觉的贝叶斯模型

在对功能可见性概念进行形式化之后，本小节将对功能可见性的形式定义进行建模和计算，所采用的工具就是贝叶斯理论和隐马尔科夫算法。在此之前，我们首先要明确一些本书中使用的概率论基本概念，这样做是为了表述清晰。

随机现象与随机事件

我们面对的这个世界有很多现象，有些现象必然发生，比如动物必然会死亡、扔出去的任何东西都必然会下落、磁铁的同极必然会排斥，等等，这类现象就是确定性现象；然而有些现象的发生却存在着不确定性，比如扔硬币猜正反面、打乒乓球时朝一个方向回球的落点等，而且通过大量重复的试验和观察，这类现象会逐渐呈现出统计上的规律性，比如扔硬币次数越多，正反面的概率就越接近于 50%。我们将这类在个别试验中呈现出不确定性的结果，却在大量重复试验中呈现出统计规律性的现象，称为随机现象。而随机现象就是概率论所要描述和研究的对象。

我们用随机试验来研究随机现象。而随机试验，就是对某可重复事件发生的观察和记录。随机试验有三个特点：首先，随机试验可以在相同条件下重复进行；其次，每次随机试验的可能结果不止一个，并且可以事先知道所有试验的可能结果；最后，在随机试验时，我们只能对其结果进行预测，而不能提前确定哪一个结果会出现。

这些随机试验的所有可能结果，我们将其组成一个集合，称为样本空间。而样本空间的每一个元素，就是随机试验完成后所观察到的某个可能结果。因此，每一个样本空间中的元素，我们将其称为样本点，而随机事件的发生，就意味着一个样本点的出现。如果对随机试验中的每一个事件赋予一个实数，记作 ，这就是事件 A 的概率，并且该集合函数 P(·) 同时满足下列三个条件：

a. 非负性：对于每一个事件 A，都有 P(A) ≥ 0；

b. 规范性：对于必然事件 S，有 P(S) = 1；

c. 可列可加性：设是两两互不相容的事件，即对于 $A_iA_j=\phi, i\neq j, i,j=1,2,\cdots,n$，有 $P(A_1\bigcup A_2\bigcup\cdots\bigcup A_n)=P(A_1)+P(A_2)+\cdots P(A_n)$

以上诸概念，就是概率论的基础概念。有了这些概念的预备，接下来我们就可以进入对贝叶斯概率理论的探讨之中。

条件概率与贝叶斯定理

要了解贝叶斯定理，实际得先了解如何计算“条件概率”。所谓条件概率，就是指在事件 B 已经发生的情况下，事件 A 发生的概率。条件概率的直观体现可以用维恩图表示，见图 6–4。

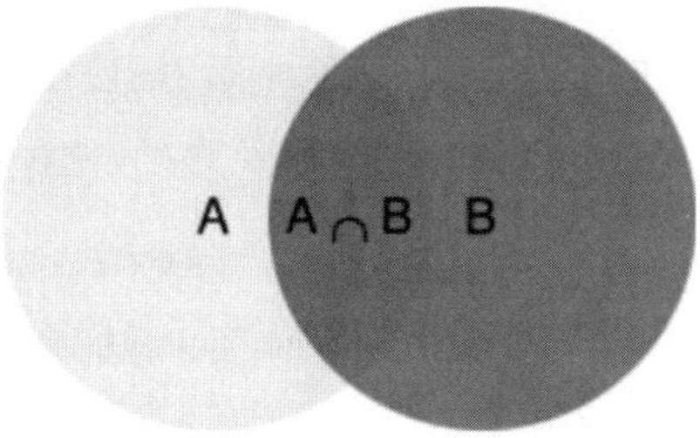

图 6–4　B 条件下 A 发生的概率图示

根据维恩图，我们可以很清楚地看到，在事件 B 发生的条件下，事件 A 发生的概率就是 $p(A\cap B)$ 除以 $P(B)$ 。所以，可以表示为：

$$P(A|B)=\frac{P(A\cap B)}{P(B)}$$

那么，就有

$$P(A\cap B)=P(A\mid B)P(B)$$

同理，可得

$$P(A\cap B)=P(B\mid A)P(A)$$

所以，

$$P(A\mid B)P(B)=P(B\mid A)P(A)$$

接着，我们对这个条件概率进行变形，就可以得到以下形式：

$$P(A\mid B)=\frac{P(B\mid A)P(A)}{P(B)}$$

这样一来，我们就根据条件概率公式，推导出了贝叶斯定理，因此贝叶斯定理实际上就是用来计算条件概率的公式。由于事件 A 和事件 B 的发生有一个先后顺序，因此我们通常把它称为先验概率（Prior probability），即在事件 B 发生之前，我们对事件 A 的概率的预测与评估。按照这个思路，我们把它称为后验概率（Posterior probability），表示在事件 B 已经发生的情况下，我们对事件 A 的概率的重新评估与判断。

在这里，为了能够更好的说明贝叶斯定理的作用，我们来举一个有趣的例子。

毫无疑问，这是一个网络的时代。中国时下最火爆的社交网络就是新浪微博，微博用户姓名右边加一个“V”字，说明某人被新浪实名认证，即的确是本人。我们知道，新浪微博中每时每刻都在不停出现新的消息与转发，使得真相与谣言齐飞。

现在假设，整个新浪微博中，明星大 V 的脑残率是 0.001，即 1000 个明星大 V 里有一个人是真正的脑残。另外，脑残的明星大 V，通常被粉丝骂的概率是 99%，意味着如果某明星大V的确是脑残的话，那么他99%的极高概率会被粉丝骂。但是在网络时代，粉丝有时候也是集体无意识，有的大V明明很好很安静，却会出现很苦很受伤的“躺枪”情况，即在该明星大V不是脑残的情况下，仍然会有5%的可能被粉丝骂为脑残。那么试问：如果发现一个明星大V被粉丝骂为脑残，那么他确实是脑残的概率有多大呢?

现在，我们来使用贝叶斯定理来回答此问题。

假设事件A表示某明星大V本来就是脑残。那么，*P(A)* =0.001，这就是先验概率，表示在没有粉丝骂的情况下，他本身就是一个脑残的概率。

再假设事件B表示某明星大V被粉丝骂为脑残。那么，要计算的就是*P(A/B)*，这就是后验概率，表示该明星大V被粉丝骂了之后，脑残概率的评估。

根据贝叶斯定理，我们有

$$P(A|B)=P(A)\frac{P(B|A)}{P(B)}$$

再根据维恩图，我们可以将分母*P(B)*使用全概率公式改写，有

$$P(B)=P(A|B)P(A)+P(B|\overline{A})P(\overline{A})$$

合并两式，就有

$$P(A|B)=P(A)\frac{P(B|A)}{P(B|A)P(A)+P(B|\overline{A})P(\overline{A})}$$

再将数字代入，就有

$$P(A|B)=0.001\times\frac{0.99}{0.99\times0.001+0.05\times0.999}\approx0.019$$

所以，答案是：即使有一个明星大V被粉丝骂为脑残，而该明星大V实际是脑残的概率却不到2%。因此，贝叶斯定理告诉我们，平时不要人云亦云，因为即使某

人被人骂得狗血喷头，而他却有很大可能不是脑残。盲目听信别人，只能使自己变成真正的脑残。

以上便是贝叶斯定理的实际应用。接下来，我们将按照贝叶斯定理对功能可见性进行概率建模。

功能可见性概率知觉的贝叶斯模型

本节中，将给出功能可见性新形式定义下的贝叶斯模型。在建模之前，我们有必要对功能可见性再做一梳理：

首先，吉布森（1979）认为生态世界具有相当多的层级结构。因此，我们同样可以认为功能可见性也具有一定复杂度的层级结构。而在我们的日常行动中，一个完整的行动也可以分解为若干个小行动。那么，如果这些小行动具有发生并且实现的可能性，那就意味着功能可见性也同时可被分为若干个规模较小的功能可见性。

其次，功能可见性是一种连续性关系。根据这种层级结构，不难理解，上一个功能可见性的发生或实现情况，会直接影响到下一个行动的发生和实现的可能性。这一点，已经在功能可见性的形式化描述中体现出来了。因此，针对这一特征，我们发现条件概率的求法可以很好地对这一特征来进行形式化。

最后，需要值得注意的是，由于行动者的行动具有连续性和动态性，实际上目前还没有合适的工具来完完全全精确且贴合地描述这种复杂的动态连续行动。因此，限于模型工具对现实模拟的有限性，本文的做法是，不得不将一个完整的功能可见性发生或实现的连续动态过程分解为数个小过程进行计算，然后对多个小过程的计算情况进行求和，以期达到对现实中连续动态行动的近似。这种做法，实际上式模仿了微积分的思路（即通过对对象的无限分割，然后求和对原对象进行极限式的近似过程）。但是，这种思路实际上与微积分方法还有所区别，这种区别在于我们对一个动态连续的行动过程无法无限分割，因为行动是在外部环境实际发生的有限情况，而不是二维坐标轴上的没有大小的点。这样一来，我们就可以对一个连续的行动进行分割，然后使最后的模拟结果去尽量接近这种实际的状态。

因此，我们实际上要计算行动的两种不同状态，即每个功能可见性片段的离散型的一维随机变量分布函数，和整个连续的动态运动多维联合分布函数。

综上，我们根据新的定义，对一个功能可见性的离散片段进行计算的做法是：将一个连续动态的行动，分解为行动（知觉）启动阶段、行动过渡阶段、行动发生阶段和行动实现阶段，每一个阶段中都由若干个小规模的微型功能可见性的行动集合的实现来组成。然后，我们先从启动阶段中的第一个有可能发生的功能可见性进行运算，然后将结果代入下一个功能可见性的情形中，根据这个第一个发生和实现的概率，来计算下一个功能可见性发生和实现的概率，继而以此类推，最后计算行动的最终结果的离散式的单个 APP 行动的发生与实现的概率。这样，我们就完成了对一个连续动态的具有功能可见性特征的行动可能性的计算。

接下来，我们将详细讨论这种计算的过程。

我们用 $P(f(A_1)\mid f(A_0))$ 表示在已知事件 $f(A_0)$ 发生的情况后 $f(A_1)$ 的概率。根据条件概率定义，它可以被如下方式计算：

$$P(f(A_1)\mid f(A_0))=\frac{P(f(A_1)\cap f(A_0))}{P(f(A_0))}$$

由于一个行动是连续的，那么对于 A_n，就有

$$P(f(A_2)\mid f(A_1))=\frac{P(f(A_2)\cap f(A_1))}{P(f(A_1))}$$

……

$$P(f(A_n)\mid f(A_{n-1})=\frac{P(f(A_n)\cap f(A_{n-1})}{P(f(A_{n-1})}$$

其中，$P(f(A_0))$ 是事件 $f(A_0)$ 的先验概率。所谓“先验”，是因为它使最初的行动实现的概率，所以对它的存在可能性的计算，并不考虑其他行动可能性因素的影响。

那么，根据功能可见性定义中多重功能可见性的连续性特征，对下一个功能可见性的知觉与行动，需要以上一个功能可见性的知觉信息的拾取与行动为基础才能实现；因此，根据贝叶斯定理，对下一个知觉信息拾取并且进行合适的匹配行动（即实现）的可能性，就可以被形式化为：

$$P(f(A_{n+1}) \mid f(A_n)) = \frac{P(f(A_n) \mid f(A_{n+1})) \cdot P(f(A_{n+1}))}{P(f(A_n))}$$

如果是，那么上式可写为：

$$P(f(A_1) \mid f(A_0)) = \frac{P(f(A_0) \mid f(A_1)) \cdot P(f(A_1))}{P(f(A_0))}$$

以上便是基于贝叶斯定理，对单个离散的功能可见性实现的片段的实现成功概率的计算。

在下节中，我们会给出一个实际生活中的案例来进行详细的说明与分析。

APP 理论示例的动态贝叶斯与马尔科夫模型

在本节中，我们会按照之前对 APP 理论定义的形式化来进行初步的计算。而对于这样一个具有层级的贝叶斯结构的计算，其计算的复杂度的确比较高。因此，在 20 世纪 80 年代之前，人们普遍认为概率论不适用于人工智能的研究。这是由于一个完整的连续动态行动可以被分解，因此所分解的小行动的组合实际上存在着一个复合的层级结构。首先，频率主义的工作范式是相同条件下无限重复试验，这就从根本上排除了谈论一次性事件的概率的可能性；其次，很多学者当时认为数值运算是计算机的专长，而符号推理才是人类智能的根本特征，因此符号逻辑才是研究人工智能的框架和目标，而非概率的数值运算。最后，使用概率的计算复杂度太高，当时的计算机还难以实现。

但是，在 20 世纪 80 年代以后，随着摩尔定律对未来预测的准确判断，计算机的运算性能呈指数增长，概率方法又重新引起了人工智能研究者的极大兴趣。加上近几年互联网上云计算、大数据等概念的流行，概率论逐渐受到人工智能研究者的重视并使用于处理不确定性这个难题。而且，随着计算机计算能力的指数增长，新型算法的出现，使得复杂的联合概率问题的解决也出现了曙光，加之机器学习和大数据领域的兴起，使得概率方法在人工智能领域的崛起趋势中扮演了重要的角色。

如何举起水杯

现在，我们考虑一个行动者如何举起水杯的案例。

令行动者 S 用手举起一个水杯 C（即实现了这个水杯 C 提供给行动者 S 的一个关于“可举起的”功能可见性行动关系的可能性）。现在，设想一种理想的成功状态。那么，在这个举起的连续动态行动中，根据功能可见性概率知觉理论，该行动实际上可分为以下几个阶段。

首先，行动者会用眼睛（即，使用了视觉系统能力 x_0 ）来环视周围的环境。与此同时，由于光亮照射在这个实物（即水杯 C）的表面上，就具有了能够给某个行动者提供“可看到”（即提供了行动者执行行动 a_0 ）的这样一个环绕光流阵列所携带的信息（即特征 y_0 ）。

接着，由于水杯 C 被环境中的环绕光“照亮”，行动者就会“看到”（即行动

a_0，产生了第一个 APP，A_0）这个水杯，并且目光会在这个水杯上停留了一段时间。这样一来，就全部实现了水杯 C 可以被行动者 S“看到”这样一个行动［即关系实现函数 $f(A_0)$］。

然后，行动者会根据所看到的水杯 C 的表面[①]，获得了关于 C 的位置、大小、形状等信息［即 $p(A_0)$，这其中就包括了对 x_1 和 y_1 的描述。］；既然获得了这些物理意义上的信息，那么行动者就可以对水杯 C 进行触摸的行动（即 a_1），这样就发生了第二个 APP（即 A_1）。当然，结果是行动者 S 用手指接触到了水杯 C，实现了触摸这个行动［即对 A_1 的实现 $f(A_1)$］。

继而，行动者 S 通过触摸行动，拾取了“不烫并且质地坚硬”这种知觉信息，这就意味着 S 又获得了新的知觉信息［即 $p(A_1)$］；接着，行动者 S 就可以对水杯 C 进行抓握的行动（即 a_2），这样就发生了第三个 APP（即 A_2）。最后，其行动结果就是 S 用手部握住了水杯 C，实现了抓握这个行动［即对 A_2 的实现 $f(A_2)$］。

最终，行动者 S 通过抓握，拾取了“可握住并不打滑”的知觉信息，这就意味着 S 又获得了新的知觉信息［即 $p(A_2)$］；然后，行动者 S 就可以用手臂肌动系统来对水杯 C 进行举起的行动（即 a_3），这样就产生了第四个 APP（即 A_3）。基于以上各个细小的步骤，这一连串的多重功能可见性式的连续动态运动以最后成功举起水杯［即对 A_3 的实现 $f(A_3)$］结束。

需要强调的是，这个过程是以理想状态来完成的，即在可随机发生成功或失败的关键点都以成功来结算。而且，每一次行动，无非会产生两种结果：即成功和失败。因此，这种试验是一种伯努利（Bernoulli）试验[②]。另外需要注意的是，虽然只有随机变量只有两个事件，但这两个事件的发生的概率是不一样的。在实际的生活中，我们很明显可以感受到，只要是在自己的身体能力范围内，面对合适的行动施加对象，做出成功的行动的概率远远大于失败的概率。因此，当我们在对实际的案例进行分析

---

① 光流阵列所承载的信息就附于其上。

② 伯努利试验，指的是单次事件，而这次事件的结果是两个可能性结果中的一个。这样的事件都可以表达成“是或否”问题。设，此时将一个试验 E 这样独立重复 N 次，则称这一串重复的独立试验为 N 重伯努利试验。这样处理的目的，就是减少计算参数，因为很多情况下行动者会产生把握不准的行动，比如某被试会报告自己“似乎看见了，但不确定”等情况，因此实际行动中并非只有类似伯努利试验（即完全成功或完全失败）的情况。

时，这两个事件的权重在计算时则会有一些显著的区分。

可以看出，上面的举起水杯的案例中，我们共分解出了四个小行动，分别是“看见”“触摸”“抓握”和“举起”。这样一来，我们就用这四个小行动，近似了一个连续的动态行动。

那么，如何对这个根据 APP 的行动进行计算和预测呢？本文将采取基于贝叶斯网络的马尔科夫算法对这个举起水杯的行动可能性进行计算和评估。然而在计算之前，我们需要在下一小节对贝叶斯网络的基本概念结构和马尔科夫算法做一个大致的概括。

贝叶斯网对 APP 理论的建模

在定义贝叶斯网之前，我们首先需要引入几个图模型中的基本概念：

节点（node）：即概率论中的随机变量，在图模型中以一个小圆圈来表示。

父节点（parent）：在一个有向图中，如果从节点 X 到节点 Y 之间有一条边的话，那么称 X 为 Y 的父节点，记为 π（x）；反之，我们称 Y 是 X 的子节点（child），记为 *ch*（*x*）；

邻居节点（neighbors）：一个节点的所有父节点和子节点，都称为它的邻居节点；

根节点（root node）：即没有父节点的节点；

叶节点（leaf node）：即没有子节点的节点；

祖先节点（ancestors）：一个节点的祖先节点，则包括其父节点和父节点的祖先节点；因此，根节点就没有祖先节点；

后代节点（descendants）：一个节点的后代节点，包括了其子节点和子节点的后代节点；因此，叶节点就没有后代节点。

有向圈（direct cycle）：在一个有向图中，如果存在某一个节点，该节点是它自己的祖先节点，则该图包含了一个有向圈。

贝叶斯网（Bayesian networks）：在图模型中，这些代表随机变量的节点根据一定关系连接在一起，就形成了一个贝叶斯网。贝叶斯网是一个有向非循环图，节点之间的边就代表了随机变量之间的直接依赖关系，而每个节点上都具有一个概率分布。因此，根据贝叶斯网络理论的基本原理，一个贝叶斯网就可以被定义为：

$$BN=(G,\theta)$$

其中，G 是 X 上联合概率分布的有向非循环图， 表示该网络的参数。而 X 上的联合概率分布定义为：

$$P(X_1,X_2,\cdots,X_n)=\prod_{i=1}^{n}P(X_i\mid\pi(X_i))$$

现在考虑上节中提到的行动者拿起水杯的案例。我们之前将该连续行动粗略地分成了四个部分，即“看到”“碰触”“抓握”和“举起”。因此，对这个四个行动实现的概率就是接下来要构造的贝叶斯网络的四个随机变量。因此，该行动的贝叶斯网可以构造为如图 6-5 的形式。

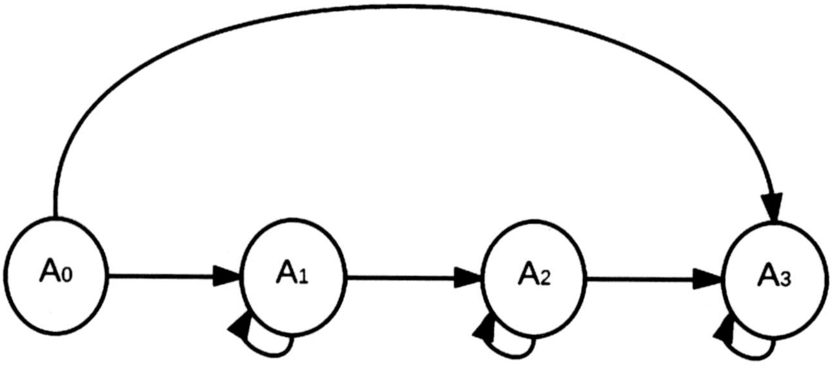

图 6-5 “看到”“碰触”“抓握”和“举起”四个节点

由于我们所考虑的案例，是一种极其理想的状况，因此每一个节点所代表的行动成功实现，都直接导致了下一个节点的开始[①]。如果该节点行动失败，则返回重新开始。根据这个简单的贝叶斯网络，我们可以看到A_0就是根节点，然后子节点A_1的结算则需要依赖于A_0这个随机变量的值，而对最后一个节点A_3的计算则依赖于之前的三个节点。因此，根节点的A_0的概率就是它的边缘分布$P(f(A_0))$，剩下的非根节点所附的概率就是$P(f(A_i)\mid\pi(f(A_i)))$。这样一来，我们就能比较近似地模拟行动者在某个具体的生态居所中进行的某项活动。当然，这个具有链式结构的贝叶斯网还可以继续延展下去，以应付行动者更为复杂的连续动态行动。而且，如果我们将作为整体的连续行动分得越细，那么人工智能通过非监督学习的过程也会更长，但是这种机器学习成功后的效果也会更好。

接下来，如果要描述一个完整的动态连续行动成功实现的概率，那么就需要将所有的随机变量放在一起进行计算，即考虑一个包含 n 个变量的联合概率分布$P(f(A_0),f(A_1),\cdots,f(A_n))$，根据链规则，我们就可以把这个联合概率分布式写成：

$$\begin{aligned}P(f(A_0),f(A_1),\cdots,f(A_n)) &= P(f(A_0))P(f(A_1)\mid f(A_0))\cdots P(f(A_n)\mid(f(A_0),f(A_1),\cdots,f(A_{n-1})))\\ &=\prod_{i=1}^{n}P(f(A_i)\mid f(A_0),f(A_1),\cdots,f(A_{i-1}))\end{aligned}$$

将上述四个节点代入，我们就得到了这四个节点的联合概率分布，即：

$$\begin{aligned}&\prod_{i=1}^{n}P(f(A_3)\mid f(A_0),f(A_1),f(A_2))\\ &=P(f(A_0))P(f(A_1)\mid f(A_0))P(f(A_2)\mid f(A_0),f(A_1))P(f(A_3)\mid f(A_0),f(A_1),f(A_2))\end{aligned}$$

根据这个联合分布，我们如果直接输入各个节点的参数θ，就可以得出该行动具体的联合概率分布值。

另外，在某些案例中，一些随机变量并不与其他变量相关。在这个情况下，这个

① 然而，这是一个理想的情况，现实中事件的发生和实现并非这般顺利。在实际情况下，我们通常会面临如下问题：行动者是否能够看见水杯？看见后，能否产生触摸行动？触摸行动是否会成功？触摸成功后能否产生握住行动？握住后能否举起？在这些问题上，行动者可能会面临各种各样的情况，实际的情况变量将会更多，而贝叶斯网也相应更为复杂，因此计算复杂度也会呈指数增长。因此，在这里为了明晰地讨论贝叶斯网，我们仅举了一个最理想状况下的案例，其他复杂的情况暂不讨论。

联合概率分布就可以进行分解，这样一来就适当地降低了概率模型的计算复杂度，使得贝叶斯网为概率的预测与评估提供了很大的方便。

因此我们可以看到，贝叶斯网既是一种严格的数学语言，它直观易懂，并且方便人们进行建模与仿真。而且，派尔（Pearl，1986）还认为，由于“事物之间是否具有关系、事物之间是否独立”这两个方面是人们进行日常推理的基本思考点，因此贝叶斯网同时也提供了人脑推理过程的一个模型。再根据吉布森（1979）的层级世界观，既然大脑的神经元层面都是一种贝叶斯网，那么由神经元引起的感知者行动也天然地具有一种贝叶斯网的结构。而且在大脑的贝叶斯网建模的研究，也相当丰富和热烈，具体可参见麦基（MacKay，1992）[119]、福瑞思顿等人（Friston，Glaser，Henson，Kiebel，Phillips，&Ashburner，2002）[120]、饶等人（Rao，Olshausen，&Lewicki，2002）[121]、科尔丁等人（Körding，&Wolpert，2004）[122]、柯尼尔等人（Knill&Pouget，2004）[123]、马等人（Ma，Beck，Latham，&Pouget，2006）[124]、多亚（Doya. Ed.，2007）[125]、柯尼尔等人（Kilner，Friston，&Frith，2007）[126]和福瑞思顿（Friston，2010）[127]等相关论述。

在之前的讨论中，我们已经简要地对一个行动者拿起水杯这个案例给出了一个简单的贝叶斯网模型。但是在真实的自然环境条件下，任何一个行动的随机变量都涉及了时间的变化，比如行动者伸手举起水杯这件事的完成，就需要一定的时间。然而，之前的贝叶斯网并没有考虑到时间的因素，因此这仅是一种静态的贝叶斯网模型。这种缺少时间维度的模型，实际上与外部环境中的动态连续行动并不相符。因此，为了描述出这种动态的连续状态，我们即需引入动态贝叶斯网来进行建模。

APP 理论的隐马尔科夫模型

所谓动态的贝叶斯网（dynamic Bayesian networks），则是一种能够包含时间因素在内的贝叶斯随机过程。然而，计算贝叶斯网的联合概率分布本身就是一件复杂的事情，如果再加上时间序列，那么计算的复杂度将会呈指数增长。因此，为了能够对复杂的系统进行研究并建立合适计算复杂度的相应模型，首先我们需要对实际情况做出一些简化的处理：

我们假设，行动者举起水杯这个连续行动的动态概率过程是一种马尔科夫过程（Markov chain），即某个未来时刻 t+1 的随机变量概率，只与当前时刻 t 有关，而与更早的过去时刻 t−1，…，t−n 无关。换句话说，就是一个过程“将来”的情况，仅仅依赖于“现在”的情况，而不依赖于“过去”的情况，那么这个过程就具有马尔科夫性。比如，举起水杯的最后一个随机变量 A_3（即是否能成功举起）只与之前的随机变量 A_2（即是否能够抓握）有关，而与能否看到触摸这两个状态无关，或者相关性影响极小，基本可以忽略。这样一来，在这个马尔科夫链上相邻事件的条件概率过程就是平稳的，即在任何一个时间片段中，转移概率都是 $P(f(A_{n+1})|f(A_n))$。这个条件概率，就表示马尔科夫链在处于当前时刻 $f(A_n)$ 的条件下，在未来时刻转移到 $f(A_{n+1})$ 的转移概率。

并且，我们可以将动态贝叶斯网展开到第 T 个时间片段，结果就可以得到一个跨越多个时间片段的联合概率分布。

基于这些假设，那么建立在随机过程的时间轴上的联合概率分布的动态贝叶斯网就可以定义为 $(B_0,B_\to)$，它由两个部分组成：一个先验网 B_0，即一个标准的贝叶斯网，也就是定义在初始时刻上的联合概率分布；一个转移网 $B_\to$，定义了两个相邻时间片段之间的条件概率为 $P(f(A_{n+1})|f(A_n))$。

然后，在这个初始状态的马尔科夫链上，再加上四个较小的 APP 行动的时间维度，就组成了动态的贝叶斯网。在这个基础上，我们可以使用隐马尔科夫链来构建 APP 行动的模型，即隐马尔科夫模型（Hidden Markov Model，缩写 HMM）。HMM

是一个双重的随机过程，具有两个组成部分，即马尔科夫链和一般随机过程。马尔科夫链描述状态的转移，用转移概率描述；而一般随机过程，则可以用先验的或统计的观察值概率描述。

隐马尔科夫的状态是不可见的或不确定的，只有通过观测序列的随机过程才能表现出来，而基于 APP 的连续行动过程，它的状态同样是随机的和不可见的。之所以选择这个模型，是因为隐马尔科夫模型所描述的状态，跟 APP 行动的状态非常类似，因此能够很好地对 APP 行动进行合适的计算和预测。

仍然以行动者举起水杯这个连续的行动为例。实际上，依据第三方的视角，实际上我们只能看到该行动者随着时间的推移下所产生的 APP 行动，而看不到该行动者功能可见性式的概率知觉是如何去直接拾取到物体的意义与信息。因此，在建模的时候，我们同样要假设行动者在做行动时的功能可见性转移状态不可见，只能看到行动者的行动效果，因此，隐马尔科夫模型就可以为这样一个情况进行建模。

现在，我们将这个行动者举起水杯的隐马尔科夫模型定义为一个五元组 $\lambda=(N,M,\pi,A,B)$：

参数	含义	实例
N	状态数目	某个动态连续行动被分解后的动作数目
M	观察到的样本数目	所实现出的动作数目
A	与时间无关的状态转移概率矩阵	在已做出某个动作的情况下，进行下一个动作的概率
B	给定状态下，观察值的概率分布	每个动作的行动可能性分布
π	初始状态空间的概率分布	初始时做出某个动作的概率

那么，如果我们使用隐马尔科夫模型来对行动者举起水杯这个案例进行建模的话，就可以表现为图 6–6。

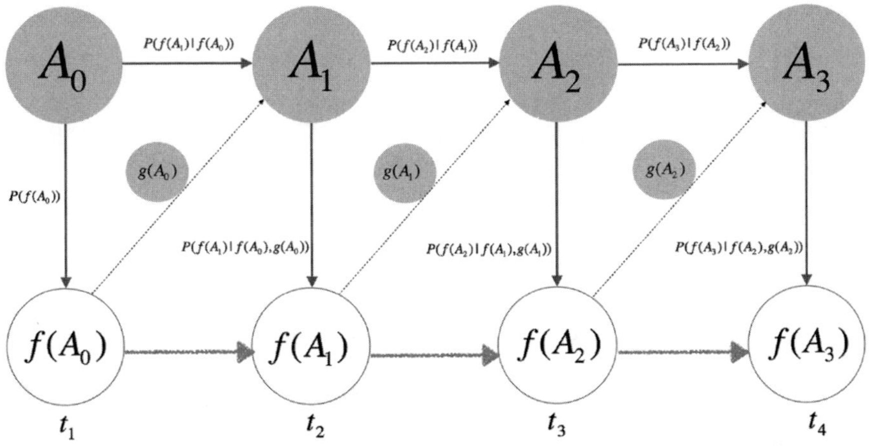

图 6- 6　举起茶杯行动的隐马尔科夫模型

图 6–6 描述了行动者举起茶杯这个连续动态行动。这个连续的行动被分解为离散的四个小部分，并使用隐马尔科夫模型对各部分进行建模计算。

通过图 6–6，我们可以很清晰地看出，行动者的功能可见性概率知觉行动被分解成四个微型的 APP 行动所组成的动态贝叶斯网络。通过隐马尔科夫算法，我们可以对这个连续行动分解成四个离散的小行动进行具体的概率计算，并对下一个行动做出概率预测。图中阴影部分，是我们无法观察到的功能可见性概率知觉运行机制，而白色部分，就是我们可以观察到的行动者被分解后离散的小行动的实现情况。其中每一条有向度的线条，都是从当前状态 t_1 时刻到未来状态 t_2 的转移概率。我们将行动者举起水杯的例子代入该模型，那么这个连续的行动就可以被分析成如下形式：

在 t_1 时刻，行动者的行动开始启动，环境环绕阵列光线对行动者提供了可供观看的信息 A_0，行动者可以根据概率知觉对信息 A_0（即“可以观看的”这个功能可见性）拾取，并对外部目标进行实际的行动 $f(A_0)$（作为行动的观看）。然而，对这个观看行动的实现，具有一定的概率（或许方向不对、光亮不够、行动者视觉等可能会导致行动失败），因此这个行动的实现可以被表示为 $p(f(A_0))$（即能够实际看到的可能性）。需要注意的是，该行动实现以后，行动者会按照所实现的行动状态，给未来时刻 t_2 的概率知觉的产生，会输出一个行动的动态反馈 $g(A_0)$，即当前行动 $f(A_0)$ 的结果对下一个概率知觉信息 A_1 的拾取产生的一定影响。

因此，t_2 时刻下的行动 $f(A_1)$（即行动者做出触摸行动）的实现概率就可以表示为贝叶斯条件概率 $p(f(A_1)|f(A_0),g(A_0))$，意为行动者在受到 t_1 时刻观看行动状态 $f(A_0)$ 与 t_1 至 t_2 时刻观看行动的动态反馈影响 $g(A_0)$ 后的行动 $P(f(A_0))$(即做出触摸行动）的实现概率。

以上便是从 t_1 时刻到 t_2 时刻中，行动者根据功能可见性的概率知觉信息所进行的相应行动。然后，我们可以按照上图的行动模型，依次计算出最后一个小行动 $f(A_3)$ 的最后实现概率。继而，我们最终就可以通过概率的联合分布，来求出由四个离散状态组成的一个动态连续行动的实现概率。

通过之前章节对功能可见性概念的定义与形式化，和对 APP 理论的动态贝叶斯网隐马尔科夫模型的建模，我们具有了一系列从哲学概念的顶层定义、理论分析，然后进行相应的数学形式化和模型的构建，使得我们将一个哲学概念实现于计算机平台模拟实现这件事情具有了一定的可操作性。

进一步说，根据这个隐马尔科夫模型的算法，我们就可以根据不同情况的参数，对这个模拟行动者拿起水杯的贝叶斯网的计算复杂度进行一些数学化简，再通过相应的机器学习方法（比如非监督学习、强化学习等程序算法）对其进行计算机代码转换，就可以在计算机内的某些智能机器模拟平台上进行实际的模拟与实验。

机器学习（machine learning）是目前国际上炙手可热的前沿研究方向。根据塞缪尔（1959）最早的定义，机器学习就是“一个研究在没有清晰编程的情况下，如何使得计算机具有学习能力的领域”[128]，换句话说，程序员不用进行具体的编程去指定机器做什么，而是让机器有能力自己去进行学习活动，这种思路已经颠覆了之前我们对程序计算的定义。在论文中，塞缪尔（1959）自己设计了一个下国际象棋的程序，后来这个程序的象棋水平超过了塞缪尔本人的能力。

后来，米切尔（1997）也对机器学习这个概念进行了分析，并给出一个形式化的精确定义：“一个程序被认为能从经验 E 中学习，去解决任务 T，达到性能度量值 P，当且仅当，有了经验 E 后，经过 P 的评判，程序在处理 T 的时候，其性能有所提升。”[129]

从这两个定义来看，作为人工智能的一个子领域，机器学习研究的是怎样让计算机模拟实现人的学习行为，目的是解决一些通过编程很难做到，或者影响因素很多的问题。而实际的做法，就是从实际的经验数据或先验数据出发，通过与外部或对象数据的不断交互学习，进而提取一定的规则，最后提高自己完成任务的能力。如果我们将上一节中的关于 APP 理论的隐马尔科夫模型，使用机器学习的算法来进行数据处理的话，就可以使顶层的哲学概念通过计算机实现出来，或许在一定程度上使得机器更加智能。当然，要实现这个目标还需走很长一段路。但是在这个大数据时代，我们通过机器学习的方法，相信会使机器更加逼近人类的真正智能。

根据 APP 理论的隐马尔科夫模型，再通过一定量的机器学习（即对经验数据的非编程式处理，比如聚类、回归等），我们相信计算机内模拟的连续行动成功率会有一定的提高。与传统的人工智能进路不同的是，这种贝叶斯模型由于参数之间的互相影响因素比较多，如果使用机器学习的算法，就可以使得机器智能在不通过严格实现编好行动程序的情况下进行合适的基于功能可见性概率知觉的动态连续行动，这也是机器学习的本质优点。

本书所构建的 APP 理论形式化模型，就是通过微型功能可见性概率知觉行动的离散状态来模拟动态连续行动，而这实际上是一种对动物在环境中日常生态行动的模拟。和动物从小就需要学习和训练一样，机器也需要大量的学习，才可能与人类或其他动物的熟练行动（skillful action）相若。然而，人类真正是否以这种方式来行动，我们不得而知。

但是，让一个婴儿与一个机器人学习举起水杯这件事情，若他们都能在相同的时间内学习好并进行成功的实现，那么我们能否说，这两者的行动模式之间存在着某种等价的东西呢？

基于本书的立场，笔者相信这个问题的答案一定会令人乐观。

参考文献

[1] Fajen B R, Riley M A, Turvey M T. Information, affordances, and the control of action in sport[J]. international Journal of sport psychology, 2009, 40(1): 79.

[2] Wolfe J M, Kluender K R, Levi D M, et al. Sensation & perception[M]. Sunderland, MA: Sinauer, 2006.

[3] Goldstein E B, Brockmole J. Sensation and perception[M]. Cengage Learning, 2016.

[4] Macleod R B R B . Outlines of a Theory of the Light Senseby Ewald Hering; Leo M. Hurvich; Dorothea Jamieson[J]. The American Journal of Psychology, 1967, 80(1):163.

[5] Helmholtz H V. The Facts in Perception[J]. Boston Studies in the Philosophy of Science, 1977, 37:115-185.

[6] Colman A M. A dictionary of psychology[M]. Oxford Quick Reference, 2015.

[7] Warren W H. Direct perception: The view from here[J]. Philosophical Topics, 2005, 33(1): 335-361.

[8] Brosvic G M, Dihoff R E, Fama J. Age-related susceptibility to the Müller-Lyer and the horizontal-vertical illusions[J]. Perceptual and motor skills, 2002, 94(1): 229-234.

[9] Gibson J J. The ecological approach to visual perception: classic edition[M]. Psychology Press, 1986, P127.

[10] Gibson J J, Crooks L E. A theoretical field-analysis of automobile-driving[J]. The American journal of psychology, 1938, 51(3): 453-471.

[11] Lewin K. Principles of topological psychology[M]. Read Books Ltd, 2013.

[12] Gibson J J. The theory of affordances[J]. Hilldale, USA, 1977, 1: 2.

[13] Jones K S. What is an affordance?[J]. Ecological psychology, 2003, 15(2): 107-114.

[14] Gibson E J. Where is the information for affordances?[J]. Ecological Psychology, 2000, 12(1): 53-56.

[15] Gibson J J. The perception of the visual world[J]. 1950.

[16] Gibson J J. The visual perception of objective motion and subjective movement[J]. Psychological Review, 1954, 61(5): 304.

[17] Brooks R A. Elephants don't play chess[J]. Robotics and autonomous systems, 1990, 6(1-2): 3-15.

[18] Gibson J J. The senses considered as perceptual systems[J]. 1966.

[19] Kellman P J, Short K R. Development of three-dimensional form perception[J]. Journal of

Experimental Psychology: Human Perception and Performance, 1987, 13(4): 545.
[20] Gibson J J, Purdy J, Lawrence L. A method of controlling stimulation for the study of space perception: the optical tunnel[J]. Journal of Experimental Psychology, 1955, 50(1): 1.
[21] Gibson E J, Walk R D. The" visual cliff."[J]. Scientific American, 1960.
[22] Gibson J J. The ecological approach to visual perception. Boston, MA, US[J]. 1979.
[23] Papineau D. Reality and representation[J]. 1987.
[24] Fodor J A. Making mind matter more[J]. Philosophical Topics, 1989, 17(1): 59-79.
[25] Pylyshyn Zenon W. Computation and cognition: Toward a foundation for cognitive science[J]. 1984.
[26] Millikan R G. Language, thought, and other biological categories: New foundations for realism[M]. MIT press, 1984.
[27] Dretske F. Naturalizing the mind.[J]. 1995.
[28] Kim J. Mind in a physical world: An essay on the mind-body problem and mental causation[M]. MIT press, 2000.
[29] Fodor J A, Pylyshyn Z W. How direct is visual perception? Some reflections on Gibson's"ecological approach."[J]. Cognition, 1981.
[30] Frege G. On sense and nominatum[J]. 1949.
[31] Turvey M T, Shaw R E, Reed E S, et al. Ecological laws of perceiving and acting: In reply to Fodor and Pylyshyn (1981)[J]. Cognition, 1981, 9(3): 237-304.
[32] Runeson S. On visual perception of dynamic events[J]. Doctoral Dissertation at the Faculty of Social Sciences, University of Uppsala, 1976.
[33] Turvey M T. The primacy of perceiving: An ecological reformulation of perception for understanding memory[J]. Studies of memory: In honor of Uppsala University's 500th anniversary, 1979: 167-222.
[34] Reed E S. Encountering the world: Toward an ecological psychology[M]. Oxford University Press, 1996.
[35] Turvey M T, Carello C. Cognition: the view from ecological realism[J]. Cognition, 1981,10(1): 313-321.
[36] Dretske, F. I. Seeing and knowing. [M], 1969.
[37] Lishman J R, Lee D N. The autonomy of visual kinaesthesis[J]. Perception, 1973, 2(3): 287-294.
[38] Michaels C F, Carello C. Direct perception[M]. Englewood Cliffs, NJ: Prentice-Hall, 1981.
[39] Shaw R, Turvey M T. Coalitions as models for ecosystems: A realist perspective on perceptual organization[M]//Perceptual organization. Routledge, 2017: 343-415.
[40] Searle J R, Willis S. Intentionality: An essay in the philosophy of mind[M]. Cambridge university

press, 1983.
[41] Lee D N. 16 Visuo-Motor Coordination in Space-Time[M]. Advances in psychology. North-Holland, 1980, 1: 281-295.
[42] Marr D. Vision: A computational investigation into the human representation and processing of visual information, henry holt and co[J]. Inc., New York, NY, 1982, 2(4.2).
[43] Evans G. In J. McDowell[J]. The varieties of reference, 1982.
[44] Millikan R G. On clear and confused ideas: An essay about substance concepts[M]. Cambridge University Press, 2000. 197.
[45] Dretske F. Knowledge and the Flow of Information[J]. 1981.
[46] John Searle（2012）的心灵哲学讲座，7’20” 处。参看：https://www.youtube.com/watch?v=ve0c0B47xJw.
[47] Brooks R A. Intelligence without representation[J]. Artificial intelligence, 1991, 47(1-3): 139-159.
[48] Norman D A, Nielsen J. Gestural interfaces: a step backward in usability[J]. interactions, 2010, 17(5): 46-49.
[49] Csibra G. Action mirroring and action understanding: An alternative account[J]. Sensorymotor foundations of higher cognition. Attention and performance XXII, 2008: 435-459.
[50] Buccino G, Sato M, Cattaneo L, et al. Broken affordances, broken objects: a TMS study[J]. Neuropsychologia, 2009, 47(14): 3074-3078.
[51] Bach P, Bayliss A P, Tipper S P. The predictive mirror: interactions of mirror and affordance processes during action observation[J]. Psychonomic bulletin & review, 2011, 18(1): 171-176.
[52] Cardellicchio P, Sinigaglia C, Costantini M. Grasping affordances with the other’s hand: a TMS study[J]. Social cognitive and affective neuroscience, 2012, 8(4): 455-459.
[53] Creem-Regehr S H, Gagnon K T, Geuss M N, et al. Relating spatial perspective taking to the perception of other's affordances: Providing a foundation for predicting the future behavior of others[J]. Frontiers in Human Neuroscience, 2013, 7: 596.
[54] Millikan R G. Pushmi-pullyu representations[J]. Philosophical perspectives, 1995, 9: 185-200.
[55] Shaw R. Ecological psychology: The consequence of a commitment to realism[J]. Cognition and the symbolic processes, 1982.
[56] Turvey M T. Affordances and prospective control: An outline of the ontology[J]. Ecological psychology, 1992, 4(3): 173-187.
[57] Chemero A. An outline of a theory of affordances[J]. Ecological psychology, 2003, 15(2): 181-195.
[58] Heft H. Affordances and the body: An intentional analysis of Gibson’s ecological approach to visual perception[J]. Journal for the theory of social behaviour, 1989, 19(1): 1-30.
[59] Heft H. Ecological psychology in context: James Gibson, Roger Barker, and the legacy of William

James's radical empiricism[M]. Psychology Press, 2001.

[60] Stoffregen T A. Affordances and events[J]. Ecological psychology, 2000, 12(1): 1-28.

[61] Michaels C F. Information, perception, and action: What should ecological psychologists learn from Milner and Goodale (1995)?[J]. Ecological Psychology, 2000, 12(3): 241-258.

[62] Chemero A. Dynamical explanation and mental representations[J]. Trends in Cognitive Sciences, 2001b, 5(4): 141-142.

[63] Şahin E, Çakmak M, Doğar M R, et al. To afford or not to afford: A new formalization of affordances toward affordance-based robot control[J]. Adaptive Behavior, 2007, 15(4): 447-472.

[64] Warren W H. Perceiving affordances: Visual guidance of stair climbing[J]. Journal of experimental psychology: Human perception and performance, 1984, 10(5): 683.

[65] Burton G. Nonvisual judgment of the crossability of path gaps[J]. Journal of Experimental Psychology: Human Perception and Performance, 1992, 18(3): 698.

[66] Burton G. Crossing without vision of path gaps[J]. Journal of Motor Behavior, 1994, 26(2): 147-161.

[67] Cornus S, Montagne G, Laurent M. Perception of a stepping-across affordance[J]. Ecological Psychology, 1999, 11(4): 249-267.

[68] Reed E S. Encountering the world: Toward an ecological psychology[M]. Oxford University Press, 1996a.

[69] Reed E S. The necessity of experience[M]. Yale University Press, 1996b.

[70] Reed E S. The intention to use a specific affordance: A conceptual framework for psychology[M]// Development in context. Psychology Press, 2014: 61-92.

[71] Gibson J. The concept of affordances[J]. Perceiving, acting, and knowing, 1977, 1.

[72] Shaw R. Ecological psychology: The consequence of a commitment to realism[J]. Cognition and the symbolic processes, 1982.

[73] Turvey M T. Affordances and prospective control: An outline of the ontology[J]. Ecological psychology, 1992, 4(3): 173-187.

[74] Steedman M. Formalizing affordance[C]//Proceedings of the Annual Meeting of the Cognitive Science Society. 2002, 24(24).

[75] K. hler W. The mentality of apes[M]. Routledge, 2013.

[76] Turing A M. On computable numbers, with an application to the Entscheidungsproblem[J]. Proceedings of the London mathematical society, 1937, 2(1): 230-265.

[77] Wells A J. Gibson's affordances and Turing's theory of computation[J]. Ecological psychology, 2002, 14(3): 140-180.

[78] Stoffregen T A. Affordances as properties of the animal-environment system[J]. Ecological

psychology, 2003, 15(2): 115-134.

[79] Gibson E J, Walker A S. Development of knowledge of visual-tactual affordances of substance[J]. Child development, 1984: 453-460.

[80] Gibson E J, Riccio G, Schmuckler M A, et al. Detection of the traversability of surfaces by crawling and walking infants[J]. Journal of Experimental Psychology: Human Perception and Performance, 1987, 13(4): 533.

[81] Gibson E J. An odyssey in learning and perception[M]. Mit Press, 1994.

[82] Warren Jr W H, Whang S. Visual guidance of walking through apertures: body-scaled information for affordances[J]. Journal of experimental psychology: human perception and performance, 1987, 13(3): 371.

[83] Oudejans R R D, Michaels C F, Bakker F C, et al. The relevance of action in perceiving affordances: Perception of catchableness of fly balls[J]. Journal of Experimental Psychology: Human Perception and Performance, 1996, 22(4): 879.

[84] Stoffregen T A. Affordances and events[J]. Ecological psychology, 2000a, 12(1): 1-28.

[85] Lombardo T J. The reciprocity of perceiver and environment: The evolution of James J. Gibso's ecological psychology[M]. Routledge, 2017.

[86] Greeno J G. Gibson's affordances[J].Psychological Review,1994, 101: 336–342.

[87] Chemero A. What We Perceive When We Perceive Affordances: Commentary on Michaels (2000)"Information, Perception, and Action" [J]. Ecological Psychology, 2001, 13(2): 111-116.

[88] Clark A. Feature-placing and proto-objects[J]. Philosophical Psychology, 2004, 17(4): 443-469.

[89] Cesari P, Formenti F, Olivato P. A common perceptual parameter for stair climbing for children, young and old adults[J]. Human movement science, 2003, 22(1): 111-124.

[90] Caiani S Z. Extending the notion of affordance[J]. Phenomenology and the Cognitive Sciences, 2014, 13(2): 275-293.

[91] Murata A, Fadiga L, Fogassi L, et al. Object representation in the ventral premotor cortex (area F5) of the monkey[J]. Journal of neurophysiology, 1997, 78(4): 2226-2230.

[92] Sakata H, Taira M, Murata A, et al. Neural mechanisms of visual guidance of hand action in the parietal cortex of the monkey[J]. Cerebral Cortex, 1995, 5(5): 429-438.

[93] Murata A, Gallese V, Luppino G, et al. Selectivity for the shape, size, and orientation of objects for grasping in neurons of monkey parietal area AIP[J]. Journal of neurophysiology, 2000, 83(5): 2580-2601.

[94] Borra E, Belmalih A, Calzavara R, et al. Cortical connections of the macaque anterior intraparietal (AIP) area[J]. Cerebral Cortex, 2007, 18(5): 1094-1111.

[95] Verhoef B E, Vogels R, Janssen P. Contribution of inferior temporal and posterior parietal activity

to three-dimensional shape perception[J]. Current Biology, 2010, 20(10): 909-913.

[96] Rizzolatti G, Matelli M. Two different streams form the dorsal visual system: anatomy and functions[J]. Experimental brain research, 2003, 153(2): 146-157.

[97] Shikata E, Hamzei F, Glauche V, et al. Functional properties and interaction of the anterior and posterior intraparietal areas in humans[J]. European Journal of Neuroscience, 2003, 17(5): 1105-1110.

[98] Gallese V, Sinigaglia C. What is so special about embodied simulation?[J]. Trends in cognitive sciences, 2011, 15(11): 512-519.

[99] Tucker M, Ellis R. On the relations between seen objects and components of potential actions[J]. Journal of Experimental Psychology: Human perception and performance, 1998, 24(3): 830.

[100] Ellis R, Tucker M. Micro-affordance: The potentiation of components of action by seen objects[J]. British journal of psychology, 2000, 91(4): 451-471.

[101] Derbyshire N, Ellis R, Tucker M. The potentiation of two components of the reach-to-grasp action during object categorisation in visual memory[J]. Acta Psychologica, 2006, 122(1): 74-98.

[102] Roberts K L, Humphreys G W. Action relations facilitate the identification of briefly-presented objects[J]. Attention, Perception, & Psychophysics, 2011, 73(2): 597-612.

[103] McBride J, Sumner P, Husain M. Conflict in object affordance revealed by grip force[J]. The quarterly journal of experimental psychology, 2012, 65(1): 13-24.

[104] Vainio L, Hammarén L, Hausen M, et al. Motor inhibition associated with the affordance of briefly displayed objects[J]. The Quarterly Journal of Experimental Psychology, 2011, 64(6): 1094-1110.

[105] Grafton S T, Fadiga L, Arbib M A, et al. Premotor cortex activation during observation and naming of familiar tools[J]. Neuroimage, 1997, 6(4): 231-236.

[106] Chao L L, Martin A. Representation of manipulable man-made objects in the dorsal stream[J]. Neuroimage, 2000, 12(4): 478-484.

[107] Grezes J, Decety J. Does visual perception of object afford action? Evidence from a neuroimaging study[J]. Neuropsychologia, 2002, 40(2): 212-222.

[108] Grèzes J, Tucker M, Armony J, et al. Objects automatically potentiate action: an fMRI study of implicit processing[J]. European Journal of Neuroscience, 2003, 17(12): 2735-2740.

[109] Humphreys G W, Riddoch M J. Detection by action: Neuropsychological evidence for action-defined templates in search[J]. Nature neuroscience, 2001, 4(1): 84.

[110] 薛少华 . Affordance 为何不能被定义为一种感觉运动模式 [J]. 自然辩证法研究 , 2015, 31(2): 8–13.

[111] Franchak J M, van der Zalm D J, Adolph K E. Learning by doing: Action performance facilitates

affordance perception[J]. Vision research, 2010, 50(24): 2758-2765.
[112] Chemero A. Radical embodied cognitive science[M]. MIT press, 2011.
[113] Reiter R. A theory of diagnosis from first principles[J]. Artificial intelligence, 1987, 32(1): 57-95.
[114] McDermott D, Doyle J. Non-monotonic logic I[J]. Artificial intelligence, 1980, 13(1-2): 41-72.
[115] Moore R C. Possible-world semantics for autoepistemic logic[R]. SRI INTERNATIONAL MENLO PARK CA ARTIFICIAL INTELLIGENCE CENTER, 1984.
[116] Lenarčič A, Winter M. Affordances in situation theory[J]. Ecological Psychology, 2013, 25(2): 155-181.
[117] Popper K. Realism and the aim of science: From the postscript to the logic of scientific discovery[M]. Routledge, 2013.
[118] Carnap R . The Logical Foundations of Probability[J]. Journal of the Royal Statistical Society, 1963, 170(4326).
[119] MacKay D J C. Bayesian interpolation[J]. Neural computation, 1992, 4(3): 415-447.
[120] Friston K J, Glaser D E, Henson R N A, et al. Classical and Bayesian inference in neuroimaging: applications[J]. Neuroimage, 2002, 16(2): 484-512.
[121] Rao R P, Olshausen B A, Lewicki M S Eds. Probabilistic models of the brain: Perception and neural function[M]. Cambridge, MA: MIT press, 2002.
[122] Körding K P, Wolpert D M. Bayesian integration in sensorimotor learning[J]. Nature, 2004, 427(6971): 244.
[123] Knill D C, Pouget A. The Bayesian brain: the role of uncertainty in neural coding and computation[J]. TRENDS in Neurosciences, 2004, 27(12): 712-719.
[124] Ma W J, Beck J M, Latham P E, et al. Bayesian inference with probabilistic population codes[J]. Nature neuroscience, 2006, 9(11): 1432.
[125] Doya Kenji, et al, eds. Bayesian brain: Probabilistic approaches to neural coding[M]. MIT press, 2007.
[126] Kilner J M, Friston K J, Frith C D. The mirror-neuron system: a Bayesian perspective[J]. Neuroreport, 2007, 18(6): 619-623.
[127] Friston K. The free-energy principle: a unified brain theory?[J]. Nature reviews neuroscience, 2010, 11(2): 127.
[128] Samuel A L. Some studies in machine learning using the game of checkers. II—Recent progress[J]. Annual review in automatic programming, 1969, 6: 1-36.
[129] Mitchell T M. The discipline of machine learning[M]. Pittsburgh, PA: Carnegie Mellon University, School of Computer Science, Machine Learning Department, 2006.